PEACE NEEDS FORCE

Akira Kimoto
木本あきら

国を守る覚悟

予備自衛官が語る
自衛隊と国防の真実

ハート出版

国を守る覚悟

はじめに

自衛官は、政治的な発言や行動をしてはいけないことになっております。

今まで、たくさんの現役将校が政治的な発言をしたり、論文を書いたりして、それがシビリアン・コントロール（文民統制）に抵触するということで、罷免や退職に追い込まれてきました。

過去には、陸海空三軍のトップである栗栖弘臣《くりすひろおみ》統幕議長が、「現在の防衛に関する法体制は不備が多い。敵に奇襲された場合、防衛庁長官や総理大臣の命令を待たずに、超法規で、現場の指揮官の判断で敵に反撃することはやむを得ない」という内容の発言をしたとたん、金丸信《かねまるしん》防衛庁長官（当時）から馘首《かくしゅ》されたことがあります。二代あとの竹田五郎統幕議長も、同じような発言をして問題となり、退官しました。田母神《たもがみ》俊雄空幕長は、「わが国は古い歴史と優れた伝統を持つ素晴らしい国。侵略国家などではない」という論文を発表したとたん、浜田靖一防衛大臣（当時）によって更迭されました。

もちろん、この「シビリアン・コントロール」というルールの遵守が大切であることは、自衛官なら誰でも知っています。しかし、今の日本の憲法から関係法令まで含め、こと国の防衛に関しては、実に多くの不備不明瞭なことが多いのは事実です。自衛官の大半は、よくぞ正論を言ってくれたと思っても、「これら将軍の発言や論文を支持します」とは口に出せないことになっています。

災害から学んだこと

敵襲や災害などに直面した場合、「初動」が大切です。初動とは、即行動を起こし、早期に危険の芽を摘むことです。火災を発見した場合は、火が燃え広がらないうちに、水をかけたり消火器で消したりすることが初動です。消防車が来るのを待っていたら手遅れになるかもしれません。

われわれ自衛官は、平成七年一月一七日、早朝五時四六分に起きた阪神淡路大震災で、多くのことを学びました。あの巨大な地震が発生した直後、隊に招集がかかり、災害派遣の準備に取り掛かりました。高速道路はのたうつように倒れ、ビルは倒壊して火災があちこちに発生し、たくさんの人が、がれき（瓦礫）に埋まっていました。早く助けに行かなくては……と隊員たちは焦《あせ》っていました。

しかし、出動命令は出ません。当時、非武装中立が理想で自衛隊は違憲と決めつけていた社会党の村山富市が総理大臣でした。彼は当日、財界の人たちと朝食をとっておりました。総理大臣は、自衛隊の最高指揮官です。自衛官たちは、たびたび襲う余震の中、黒い煙に覆われた空を見つめておりました。自衛隊は勝手に行動することを固く禁じられています。警察や消防の車が次々と現場に向かっていく中、自衛官たちは、イライラして出動命令を待ちました。四八時間以内に救助しないと、がれきの中で動けない人間は死亡することが多い。スタンバイしている屈強な隊員たちが、じっと動かずに待ち続けるのは、つらいものでした。
一〇時、ようやく兵庫県知事から救援要請がありました。そこから即出動、救助活動を始めたのは、地震発生から七時間後の一三時でした。後になって、多くのマスコミが「自衛隊の行動は遅い」と批判しましたが、批判されるべきは、迅速に出動要請をしなかった左翼の総理大臣、防衛庁長官や県知事にあるのではないでしょうか。
当時の兵庫県や神戸市は、土井たか子を始めとする左翼勢力が強く、おおむねアンチ自衛隊で、一度も自衛隊と共同防災訓練を実施したことがありませんでした。だから、自衛隊を使って一刻も早くがれきに埋もれている被災者を助けようという意識が薄かったのではないかと思われます。その結果、六四三四名もの人たちが犠牲になりました。もう少し早く「初動」ができていれば、もっとたくさんの命が助かったはずと、災害派遣に参加した自衛官は、今でも忸怩《じくじ》たる思いを引きずっております。

救助された生存者数　五〇四七人。
警察による救出　三四九五人。
消防による救出　一三八七人。
自衛隊による救出　一六五人。

この数字だけを見て、「自衛官は全体の三パーセントしか救助しなかったのか」と批判をしたマスコミがありましたが、繰り返すように、批判されるべきなのは、迅速に出動要請を出さなかった総理大臣や役所です。だからこそ村山元総理は、自分の力量や判断の至らなさを反省して、「危機管理の体制に欠けていた。いかように責任を追及されても弁明できない。お詫びをして反省する」と自著に書きました（『村山富市が語る「天命」の五六一日』ベストセラーズ）。

一方、この「初動」が比較的うまくできたのは、平成二三年三月一一日に起きた東日本大震災です。当時の政府は民主党。これまた自衛隊反対の左翼政権で、総理大臣は菅直人《かんなおと》でした。

激震の後、黒い海水が津波となって陸地を襲ってきました。宮城県にある多賀城二二連隊の隊員たちは、訓練から帰隊中に、この災害に遭遇しました。

連隊長は、とっさに阪神淡路大震災を思い出します。今の政府はアンチ自衛隊の左翼政権なので、出動命令の発動は遅いだろうと判断し、連隊長は、自分が責任を取る決心で九〇〇〇名の隊員に救出命令を出しました。素早い「初動」を行ったのです。

救助された生存者数　二七六四九人。
警察による救出　三七四九人。
消防による救出　四六一四人。
自衛隊による救出　一九二八六人。（全体の約七〇パーセント）

「初動」が早いか遅いかで結果が大きく違うということが、よく分かるはずです。

日本はスパイ天国

制服の自衛官は、口を貝のように閉ざし、正論さえ発表できず、何から何まで行動をがんじがらめに規制されているのは、やはり何か変だと思います。意見があれば、発表する前に背広の事務官に提出して、許可を取ればいいではないかと言う方がたくさんおられますが、実際に戦闘や厳しい訓練を行う自衛官が、ここがおかしい、こうすればさらに良くなる、などという意見具申をしても、なかなか取り上げてくれませんし、握りつぶされることが多いのです。

かつて、防衛研究所のエリート技官が、機密文書を海外のエージェント（スパイ）に流そうとしていたのを自衛官が発見して、告発したことがありました。しかし、その自衛官は逆に恐喝罪で罰せられ、売国奴の技官は何らの罰則を受けることなく、多額の退職金をもらって離職し、大手企業に天下りしました。これが日本です。

自衛隊には、秘密を守る義務があります（自衛隊法五九条、守秘義務）。しかし、諸外国と比べると、信じられないほど甘い罰則があるだけです。昔も今も日本は、外国人から「何でもできるスパイ天国」と言われています。こうした脇の甘い、危機意識が極端に薄い日本の高官に易々《やすやす》と近寄ってくるスパイの摘発事例は多いのです。

平成二七年（二〇一五）五月、元東部方面総監の泉一成《かずしげ》退役陸将（防大一八期）が、ロシア駐在武官のコワリョフと親しくなり、八回以上も都内で面談し、訓練教範などを手渡していたところ、ホテルオークラで現場を警視庁の治安機関に押さえられました。その時、すでに泉陸将は退職しており、トヨタ自動車に顧問として勤めておりました。

自衛隊の教範類は、自衛官だけが読む、重要なものです。教範の最初のページには、

・教育訓練の準拠としての目的以外には使用しない。

・用済み後は、確実に焼却する。

と書かれています。しかし泉元陸将は、現役時代の部下だった富士学校校長の渡部博幸陸将や、同校に勤務する佐官や尉官に命令して教範を入手し、ロシアの駐在武官から金銭をもらっていたのです。

また、昭和五五年（一九八〇）に発覚した宮永スパイ事件を覚えていますか？

これには日本中が驚きました。自衛隊調査学校と言えば、各国の軍事情勢、国内の反日団体や不法分子などの動向を調査する専門家を教育する、特殊な教育機関です（旧軍の中野学校のような特殊な教育機関）。スパイを摘発したり、スパイを養成したりすることは、重要な任務です。中でも副校長の宮永幸久陸将補は、エリート中のエリート。誰からも尊敬される教官でした。

その宮永陸将補が、あろうことかロシアのスパイを手助けし、金銭を受け取っていたのです。これも部下の二尉や准尉を使って、ロシアから要求される情報を、スパイ特有のデッド・ドロップという方法（空き缶などに情報を入れて決められた場所に埋める方法）で引き渡していたのです。

中には、「日米情報連絡会議」で米軍から受け取った極秘情報もあり、宮永逮捕の後、日本の情報管理のまずさが発覚して、一気に同盟国アメリカの信頼を失ってしまいました。

当時、宮永の動きを怪しいとにらんでいた警視庁公安部は、尾行を強化しておりました。このため、ロシア武官とすれ違いざまに行ったフラッシュ・コンタクト（他人が気づかぬよう、すばやく手渡す

方法）を見逃しませんでした。そこで現行犯逮捕。しかし、こんな大物でも、日本にはスパイ防止法がないので、たった一年間の懲役という判決でした。

さらには、平成一二年（二〇〇〇）に発覚した萩崎繁博三佐事件。防衛大の博士論文を書いていた萩崎は、旧ソ連の海軍の資料が欲しくてロシア大使館に接触し、ボガチョンコフ大佐と知り合い、交際が親密になりました。やがて、日本の国防体制の情報を求められるようになります。見返りに五八万円を受け取り、防衛研修所の組織図など数十点、「戦術概要」という教本、「将来の海上自衛隊通信のあり方」などを、ボガチョンコフ大佐に渡しました。これも、警視庁公安部により現行犯逮捕。懲役一〇カ月の判決（執行猶予）。

私の手元には、ロシアによるスパイ事件で逮捕された事例が三〇件以上あります。しかし、たいていが国外退去で終わり。本当に日本はスパイの天国であり、悔《くや》しい限りです。世界の先進国で、「スパイ防止法」がないのは日本だけです。これが外国ならば、国を売るスパイ行為は、終身刑か死刑です。特に、調査学校副校長の宮永陸将補の犯罪は、間違いなく死刑でしょう。「スパイ防止法」がない日本は、国が滅びる原因になります。「スパイ防止法」は、今すぐにでも必要な法律です。

この原稿を書いている現在も、十数人の日本人がスパイ容疑で中国の監獄に収容されています。北海道大学の教授もスパイ容疑で収容されていましたが、ようやく嫌疑が晴れて釈放されました（令和元年一二月）。令和三年一月には、中国北京市の高級人民法院（日本の高裁）が二人の日本人（六〇代と七〇代）に対し「スパイ行為に関与」ということで、懲役六年と懲役一二年の実刑判決を言い渡しました。そのうちの一人は、日中友好団体の幹部です。収容されている日本人の一人は、中国国内の港湾を写真撮影しただけ、とのことです。

ことほど左様《さよう》に、外国では国の秘密を守ることに厳しいのです。世界で最も自由で、何の規制もない日本人には信じられないでしょう（外国では、空港、港湾、橋梁、発電所、軍事施設などの写真撮影は禁じられていると思ってよい。アラブの国では、女性を撮影しただけでカメラを没収された日本人がいるし、私の知人は飛行機の中で写真を撮っただけで、一年間刑務所に収容された）。

自衛隊の秘密を漏洩したり、部外者に渡したりした場合は、どうでしょう。

- 一年以下の懲役または三万円以下の罰金。
- 未遂または過失漏洩は処罰なし。
- 外国人には処罰なし。

これが現行の罰則です。そこらの公共物に落書きした軽犯罪と同じような軽い罰則です。

もし現役の自衛官が、防衛機密を守る「スパイ防止法」を持たない日本は大問題だと、実名で新聞に発言したとしたら、たぶんその自衛官は処罰されるはずです。日本の防衛体制とはそんなもので、自衛官は委縮して、殻の中で、与えられた任務に励んでいるのです。

災害派遣で自衛官は、心身の限界をかけて救助活動をしているのに、「平和憲法を守れ」「軍靴の音は聞きたくない」「スパイ防止法反対」と言う人たちやマスコミや政治家がいることに虚《むな》しさを覚えながら、耐えているのです。

さらに、日本人が八〇〇人以上も北朝鮮の工作員に拉致されて半世紀近くたつのに、いまだ救出もせず、法整備もできていないことに、いらだちを覚える自衛官も多いはず。

現役の自衛官の発言は厳しく規制されていますので、民間人である予備自衛官の仲間の協力を得て、国を思う気持ちをこの本の中にぶつけてみました。日本は清らかで美しい国。この国を命をかけて守りたいと思っております。自衛官だけでなく、国を愛する日本人の多くが、自虐史観を捨てて、日本人としての誇りと自信を取りもどしていただきたいとの思いで、この本を上梓しました。

なお、これを書いた私は、幹部自衛官ではなく、防衛の専門家でもありません。第三陸曹教育隊（二九期）を卒業した、単なる下士官、陸曹（軍曹）であります。自衛隊を退職後は、約二五年間、世界の二〇カ国でプラント建設エンジニアとして仕事をし、毎年、予備自衛官の訓練に参加するために海外から一時帰国しておりました。世界の混乱や政変、戦争を見てきましたし、何度も危険な目に遭いました。北アフリカのリビアでは刑務所生活も体験しました。だからこそ、危機感の薄い、のんべんだらりとした日本には、あきれ果てております。今のままではいけません。

このままでは、愛する祖国が内部から腐敗して自《みずか》ら滅亡するか、外国から占領されて、悲惨な奴隷の道を歩むようになるのではと恐れております。武士道と正義を誇り、世界から尊敬される、美しい日本が地球に残ってほしい。そんな思いから、この本を書きました。

この本は、初めての予備自衛官による国防論です。

令和三年四月

木本あきら

もくじ

はじめに　3

1　平和を守るためには犠牲が伴う　16

2　予備自衛官制度って何？　25

3　日本に恋する予備自衛官　32

4　ピース・ニーズ・フォース　43

5　スイスの国防はすごいぞ　55

6　国を守るという素晴らしい使命　61
7　東日本大震災で活躍した自衛隊　70
8　災害派遣：世界一精強な自衛隊　82
9　ある予備自衛官の結婚式で　89
10　今も続く悔しい思い　94
11　湾岸戦争の苦い思い出　99
12　憲法守って国滅ぶ　115

13 皇室を持つ日本を愛す 128
14 拉致被害者の救出に自衛隊を使え 132
15 ロシアに盗まれたままの北方領土 144
16 自虐史観にサヨナラを 151
17 韓国人に教えたい本当の歴史 161
18 日本の聖地 靖國神社 167
19 ここがヘンだよ自衛隊 172
20 三島由紀夫と自衛隊 187

21 予備自衛官の声 207

戦後体制からの脱却を目指せ ――荒木和博
拉致被害者の奪還に予備役の活躍を期待 ――吉田 靖
予備自衛官運用を再検討せよ ――西村日加留
わが命、国に捧げん ――奥 茂治
拉致被害者救出に日本の武威、自衛隊の活用を ――葛城奈海
安全保障体制・その背景と現実 ――香取直紀
地域の消防団として、毎日が闘い ――長谷川洋昭
大和魂が自衛官の誇り ――高沢一基
ゆるぎない日本への愛 ――佐々木英夫

おわりに 230

参考文献 234

1　平和を守るためには犠牲が伴う

よくこんな質問を受ける。「憲法を改正して軍隊を持つようになったら、日本は戦争ができる国になる。あなたの子供が死んでもいいのか？」

こんなあほらしい質問には答えたくないし、話し合いたくもない。

そこで私たち予備自衛官は、こう答えてから質問者から離れる。

「他国が日本に攻め込んできて、日本人の子供が殺されるのはいいの？　あなたの子供がさらわれたり、殺されたりするのを、あなたは黙って見ているの？」

相手はたいがい、頭に来てこう言う。「日本は戦争をしない国と宣言しているんだから、他国が攻めてくるわけないだろう。対話をすれば暴力や戦争を防げる。あんたみたいな人がいるから、戦争になるんだよ」

今、日本は平和を享受しているが、世界中では戦争が絶えない。将来、侵略戦争で日本の子供たちが殺される可能性は、かなり高いと思うようになった。対話など、限りなく効果は薄い。

日本政府は、北朝鮮が日本海に向けてミサイルをぶっ放すたびに、「遺憾に思う」と虚しい抗議をするだけで、独立国としての毅然とした態度を取ったことがない。中国、韓国、ロシアに対しても同じだ。領土を取られても、日本の漁船が拿捕《だほ》されても、日本人が拉致されても、力ずくで取り返そうとはしない。

日本は正式な軍隊を持たず、戦うことさえ禁じられた憲法を持たされている半独立国家。かろうじて、自衛隊があるだけだ。先述の通り、先進国の中で唯一「スパイ防止法」を持たないのも日本だけ。これは恐ろしいことだ。

日本の周りを見てほしい。日本にとって危ない国だらけである。

韓　国（国民皆兵）：仮想敵国は日本
北朝鮮（国民皆兵）：仮想敵国は日本
中　国（国民皆兵）：仮想敵国はアメリカと日本
ロシア（国民皆兵）：仮想敵国はアメリカと日本

国連という組織があるから日本は安全だと言う人がいるが、それは甘い考えだ。

どこかの国が日本に攻め込んできたら、国連安全保障理事会がその攻めてきた国を非難し制裁をする。しかし、その決定は実施されない。なぜならば、ロシアと中国は国連の常任理事国であり、拒否権を発動するからだ。

現在、日本は軍事超大国のアメリカと安保条約を結んでいるので、易々と日本には攻め込めない。それが、今のところ幸いしている。

大東亜戦争（第二次世界大戦）後、日本は全く戦争をしていないが、お隣の中国による武力行使は左記の通りである。

台湾を大規模攻撃：米軍が戦闘して撃退。

チベット侵略：一〇万人以上を虐殺。激しい弾圧で人口が三〇万人減。チベット国は消滅し、中国の自治区に組み込まれた。チベット仏教寺院の大半が破壊され、軍による厳しい弾圧が続いている。

東トルキスタン（ウイグル）侵略：五〇万人以上を殺害。東トルキスタン国は消滅し、中国の自治区に組み込まれた。イスラムの礼拝所（モスク）での礼拝は禁止されるか、厳しい監視下に置かれている。住民を避難させずに四六回もの原爆実験をしたことにより約一〇〇万人が死亡。中国軍による厳しい弾圧が続いている。

さらに、南モンゴル侵略、ブータン北西部侵略、ネパール西部国境侵略、ソ連と大規模な軍事衝突。

朝鮮戦争に本格介入、ベトナムに侵攻。

インドを攻撃（ヒマラヤ山系のカシミール地方での戦闘：継続中。インド北東部アルナチャルプラデシュ州での戦闘：継続中）。

台湾への領空・領海侵犯、武力侵攻の準備。

香港に人民軍を送り込み、徹底的に自由と民主主義を弾圧。

スプラトリー諸島（南沙諸島）、パラセル諸島（西沙諸島）を巡ってフィリピン、ベトナム、マレーシアなどと衝突。スプラトリー諸島の浅瀬を埋め立てて軍事基地を建設。

また、毎日のように公船を出して、隙あらば日本の領土である尖閣諸島（沖縄県石垣市）を占領しようとしている。令和二年一〇月には、五七時間も領海に侵入して居座った。

日本のEEZ（排他的経済水域）である大和堆《やまとたい》に大量の漁船を送り込み、漁場を荒らしまくっている。

日本国内の土地を買収（すでに静岡県と同じ広さの北海道の土地が、中国のものとなった）。

このほかにも書ききれないくらい、直接侵略や間接侵略、弾圧を繰り返している。さらには、自国民を文化大革命や天安門事件で大量に虐殺し、「一帯一路」などで世界中にカネをばらまいて、中国の勢力を伸ばそうとしている。こんな暴虐を続ける中国共産党の習近平を国賓として招聘して、天皇陛下に謁見させようとしていた日本の政府に、日本人の大半は驚いたものだ（令和二年、武漢コロナが発生して中止となった）。

「超限戦」——中国による、目的のためには手段を選ばない、制限を加えず、あらゆる可能な手段を採用して目的を達成する戦術。マキャベリの『君主論』と古代中国の孫子や韓非子の兵法を超えて、サイバー攻撃、宇宙戦、外交戦、生物化学戦、情報戦、金融戦、テロ戦、核兵器などを使って、中国の領土を拡張していく戦術だ。この「超限戦」については、渡部悦和《わたなべよしかず》元東部方面総監の書かれた『現代戦争論―超「超限戦」』（ワニブックス）をお読みになるとよく分かる。

中国の防衛予算も、日本の五倍に膨れ上がった。約一兆一八九九億元（約二〇兆二二七九億円、二〇一九年）。三〇年間で約四八倍。艦船や爆撃機による日本領海、領空の侵犯も激しい。日本の領土である尖閣諸島の周辺は、ほぼ毎日のように中国公船が遊弋《ゆうよく》し、日本漁船を追いかけまわしたりしている。領空も、年間六七五回（二〇一九年）侵犯し、航空自衛隊は一日平均二回、戦闘機を緊急発進（スクランブル）させている。

武漢から発生した新型コロナを、中国の生物化学戦の一環と見る科学者や軍事専門家も多い。こんな無法な行動をとる中国に対して、日本政府は中国を刺激することを避けて、「厳重抗議」をするだけだ。一方、大半の国は、中国の無法行為に対して毅然とした行動をとっている。インドネシアはナトゥナ諸島で不法漁業をする外国漁船五八隻を沈め、アルゼンチンも領海で無断で魚をとる中国漁船を沈めた。インド、アメリカ、オーストラリア、ニュージーランドなども、厳しく中国に対峙し、軍事行動をとることも厭《いと》わない態度を示している。現在、中国に優しい国は、韓国、北朝鮮と日本くらいだろう。

そのうち北朝鮮は、平成に入って七一発の弾道ミサイル実験を行い、核実験も七回、実施済みだ。元号が令和に変わっても、一五発以上の弾道ミサイルを日本海に放った。八〇〇人以上の日本人を拉致し、五名を返しただけで、残りの同胞を帰国させようとしない。

一方の韓国は、竹島を占拠し、日本への挑発を続け、日本との戦争に備えて軍事訓練を行っている。日本に対する誹謗中傷を続け、日本から輸入した半導体材料の「フッ化水素」などを、北朝鮮に秘密裡に輸出し、それが見つかると、海上自衛隊機にレーダー照射し、あわや交戦かという事態にまでなった。あろうことか、日米韓の重要な軍事条約であるＧＳＯＭＩＡ《ジーソミア》（軍事情報包括保護協定）の破棄をちらつかせて、反日運動をさらに強化し、日本製品の不買運動を展開している。どうやら日韓断交も現実化が近いようだ。

韓国人たちは、毎日のように反日デモを繰り広げて、日本の総理大臣の人形の首を切ったり、日の丸を燃やしたりし、世界のあちこちに、ありもしない従軍慰安婦の少女像を建てては、日本を貶めている。これらは、普通なら戦争になる侮辱行為だ。

さらにロシアは、北方領土を返すどころか、弾道ミサイル基地を次々と設置している。戦闘機や爆撃機などによる日本への領空侵犯も多く、これに対しても、ほぼ毎日のように航空自衛隊の緊急発進（スクランブル）が行われている。

ロシア（ソ連）は大東亜戦争において、八月六日広島に原爆が投下され、日本の敗戦が確実になったとたん、八月八日、「日ソ中立条約」を一方的に破棄して、日本に侵略を開始した。ソ連軍は満洲や北方領土に侵入して殺戮、強奪、婦女への強姦などの非道を行い、約七〇万人もの日本の男をシベリアに連れ去って奴隷にした。うち約七万人が酷寒の中で餓死または病死している。しかしロシアはこれに対し、いまだ一言も謝罪していないし、奪った領土を日本に返そうともしない。

対話は無効、行動こそ有効

日本の「戦争反対」「九条を守れ」と言う人たちは、だいたい、こういう厳しい現実を知らないか、知っていても目をつぶっている。日本のマスコミも、あまり報道しない。こんな好戦的な国々が隣にいるのに、武器も持たず、集団的自衛権もなかったら、日本はいったいどうなるのか？
「自分の子供が戦争で死んでもいいの？」と言う人には、こんな厳しい状況に日本がさらされていることを、ジックリと知ってもらいたいと思う。
「自分の子供が交通事故で死んじゃってもいいの？」じゃあ、車をなくそう、外に子供を出さないことにしよう、と言う人がいるならば、その人は相当おかしいだろう。交通事故から子供を守るためには、ガードレールを備えたり、誘導員を置いたり、信号機を設置したりする必要があるはずだ。何事にも、安全のための備えが必要なのだ。

世界は決して、美しく平和な「お花畑」ではないということに、日本人は早く目覚めてほしい。日本国憲法前文にいわく、「平和を愛する諸国民の公正と信義に信頼して、われらの安全と生存を保持しようと決意した」。だが、中国、韓国、北朝鮮、ロシアなどは、日本にとって「公正と信義に信頼」できる国々だろうか。

世界中の独立国は、自分の国が生き残るために軍隊を持ち、犠牲を払う覚悟を持っている。例えば、永世中立国のスイスは国民皆兵で、国民の大半は自宅に銃と戦闘服を保管しており、他国が侵略の気配を見せたら即座に銃を持って駆けつけて、国防の任につくことになっている。かつて、ナチスドイツは欧州の大半の国に侵攻したが、国防意識の強いスイスにだけは侵攻をしなかった。スイスの国防力はきわめて頑強で、ドイツが攻め込んでも、占領どころか、相当の被害を受けるだろうと判断したからだ。

ところで、日本人のあなたは、自分の子供や家族を守る覚悟を持っていますか？

Freedom is not free（自由は勝手にやってこない）
You've got sacrifice for your liberty（その自由を得るため、あなた方は犠牲を払うのだ）

——米国ＭＲＡのミュージカル「Up with people」より（拙訳）

私たち自衛官は、大切な日本人の子供たちが殺されないために、自ら犠牲になることも覚悟している。誰も、戦うことは好まない。しかし、もし愛する日本が侵略されたならば、血を流してでも戦わなければならないと思っている。

「対話」で物事を解決できると信じる日本人がいるなら、ぜひ、その人たちにお願いしたい。

北朝鮮に行き、対話して、拉致された日本人を全員、取りもどしてほしい。

韓国に行き、対話して、日の丸を燃やすことをやめさせ、竹島を取りもどしてほしい。

ロシアに行き、対話して、北方領土を取りもどしてほしい。

中国に行き、対話して、ウイグル人やチベット人、香港の人たちへの弾圧をやめさせ、日本の尖閣諸島に近づくことをやめさせてほしい。そして、無実の罪で収容されている日本人たちを全員、連れ帰ってほしい。

「はい。戦争反対の私が対話をし、日本人と日本の領土を取りもどしてきます。やらせてください」

という人は、おりますか？　やれる人は手を挙げてください。

おや、誰も手を挙げませんね。空想だけの平和主義は、やっぱりダメですね。

これらの国は、国民皆兵の軍事大国だ。口先の平和論で分かり合える国ではない。

一人よがりの妄想的平和主義は、英語では「パシフィズム（pacifism）」といって、嫌われることが多い。世界は、愛する者を捨てて、自分だけ安全な所に逃げる卑怯者が嫌いなのだ。

この世で最も美しいこと、それは、我が身を捨てて愛する者を守ることである。

2　予備自衛官制度って何？

日本に予備自衛官制度（予備役）があることを知っている日本人は少ない。どこの国でも、自国の安全、国防を担《にな》う、民間人の予備役の軍隊を持っている。日本には、自衛隊に毎日寝泊りせずに、自衛官として国の守りの一部を担うことを許される予備自衛官（予備役）制度がある。そして、三四歳以下の健康な日本人なら誰でもなれることを知ってもらいたい。予備自衛官は、物々しい自衛隊内で勤務する必要がほとんどない、民間人の自衛官のことだ。

日本の予備自衛官は、三種のカテゴリーに分かれている。

①予備自衛官補（一般自衛官補／技能予備自衛官補）
②予備自衛官
③即応予備自衛官

いずれも、特別国家公務員で、非常勤の自衛官である。普段は一般人として会社や役所などで働いていて、年に一度、招集訓練に参加することが義務づけられている。入隊すると、否《いや》が応《おう》でも部隊内での集団生活となる（朝は六時起床、夜は一〇時消灯の、規律正しい生活）。一般の会社員や公務員が大半で、大学生や地方の消防団員、市議会議員や区議会議員も多い。

皆さんの会社にも予備自衛官がいるかもしれない。彼らの大半は、なんとなく姿勢がよく、きびきびしていて元気がいいはずだ。そして年に一度、休みを取って職場から姿を消す。休みといっても、のんびりと休養を取っているわけではない。戦闘服に着替えて、訓練に励んでいるのだ。

予備自衛官補

自衛官の経験は全くないが愛国心と国防意識が強い純粋な若者たちで、一般予備自衛官補は、三年以内に五〇日間（四〇〇時間）の基本訓練を受けなくてはならない。

入隊すると、迷彩色の戦闘服一式とヘルメット、革の半長靴が与えられる。そして、真っ先に「気を付け」の姿勢を教えられる。両かかとを約六〇度に開き、胸を張り、腕を垂直に垂らして体に接着させ、頭と首を真っすぐに保ち、口を閉じ、正面を見据え、目を動かさない。このしっかりとした姿勢が取れるだけで、民間人とは違う精神が体に備わるのだ。次に、「挙手の敬礼」を教わる。

集団で前進する場合は、班長が大きな声で「前へ」と予令を出し、次の「進め」という動令の声で、一斉に左足から行進を始める。歩幅は七五センチ、歩数は一分間に一二〇歩。こうした、きびきびとした動作を次々に指導されるうちに、集団で行動する美しさに快感を覚えてくる。

時間のことも、民間では使われない言葉で示される。「一三時一五分に集合」ではなく、「集合はヒトサン、ヒトゴ」と命令される。これも慣れると分かりやすい。また、「僕は疲れました」ではなく、「自分は疲れました」「自分は大丈夫です」と言う。

技能予備自衛官補

語学、土木、コンピューター、医師などの特殊技能を持つ者で、二年以内に一〇日間（八〇時間）の訓練を受けなければならない。こうした条件をクリアして、初めて正式な予備自衛官になれるのだ。

予備自衛官

民間にいる元自衛官。何年か自衛官として勤めた後、退職して民間に勤務したが、国防の思い断ちがたく、予備自衛官に籍を置くものが大半。彼らは二足の草鞋《わらじ》を履いた武士《もののふ》。戦闘訓練に長《た》けている隊員も多い。

即応予備自衛官

自衛隊の予備要員として、危急の場合は真っ先に駆けつけて現役を補佐しなければならない。年間三〇日の招集訓練に参加する義務がある。即応予備自衛官を雇用する民間企業に対して、防衛省は一人当たり年間五一万円を支払っている。

ちなみに月給は、予備自衛官と予備自衛官補が四千円で、訓練に出ると一日八一〇〇円（予備自衛官）、一日七九〇〇円（予備自衛官補）の日当がもらえる。

即応予備自衛官の月給は、一万六千円。訓練に出ると日当一万円〜一万四千円がもらえる。訓練は、健康診断、野外衛生、体力測定、体育訓練、基本教練、武器訓練、射撃予習、実弾射撃検定、職務訓練、精神教育などで、中身は濃い。

彼ら予備自衛官は、非常事態が発生したなら、命令に従って即座に駐屯地に駆けつけ、駐屯地の警備や後方支援の任につく。災害派遣や国民保護の任務につくこともある。

予備自衛官は日本の至宝

令和元年の時点で、日本の予備自衛官の定員は四万七九〇〇人だが、実員は三万三八五〇人である（充足率七〇・七パーセント）。人数こそ少ないが、彼らの祖国愛と国防意識は極めて強い。予備自衛官は日本の至宝と言ってよい。予備自衛官の月給は、下級の隊員であろうと、高級幹部であろうと、医官であろうと皆同じで、先述の通り四千円である。

参考までに、世界各国の正規兵と予備役の数を挙げておく（別表参照）。

日本の予備役の数は、他国に比べてケタ違いに少ない。国防を否定する平和憲法と、国民の国防意識の薄さが、この数字に表われている。ちなみに、民間人が自分や家族を守るために銃を個人的に保有している割合は、百人あたり、以下の数字の通りである。

アメリカ：八九挺。イエメン：五五挺。スイス：四六挺（予備役は全員、自宅に銃を保管している）。

これに対して、日本はゼロ。

日本の予備自衛官制度の歴史は古く、創立は、昭和二九年（一九五四）である。組織も訓練も年々改善され、中央式典にも一般自衛官と一緒に参加できるようになった。

初期の予備自衛官の訓練手当は、一日五五〇円で、給与は月二千円だった。現在はずいぶんよくなったが、まだまだ改善の余地があるように思う。

	正規兵	予備役
アメリカ	1,400,000	1,100,000
ロシア	766,000	2,485,000
イギリス	151,000	182,000
フランス	205,000	196,000
ドイツ	180,000	145,000
スイス	5,000	300,000
イスラエル	160,000	630,000
インド	1,325,000	2,143,000
中　国	2,335,000	2,300,000
韓　国	625,000	2,900,000
日　本	220,000	34,000

各国の正規兵と予備役の人数

救いは、先にも述べたように、予備自衛官の国防意識と祖国愛が極めて強いことである。世界の国防情勢や歴史を勉強している予備自衛官の、なんと多いことか。建国記念日や終戦の日などの国民的な行事に参加している予備自衛官は、現役の自衛官よりも多いくらいだ。

また、東日本大震災や令和元年の関東大水害にも、多くの予備自衛官が救出などの作戦に参加して、被災者から感謝された。

日本が好きで、国防に関心のある人

射撃予習訓練中の著者（上下とも）

は、男女を問わず、自衛隊の地方連絡部（現在の名称は、自衛隊地方協力本部）にコンタクトをとって、国の安全を守る活動や災害派遣などに参加されることをお勧めする。集団で規律正しい生活をするだけでも、とても役に立つし、大きな声で、はきはきと会話ができるようになる。国を守る誇りを持ち、生きていくための、大きな自信にもなるはずだ。それに、民間ではまずできない、実弾射撃を年に一度は体験できる。

私は、自信を持って言うことができる。予備自衛官の大半は、日本人としての誇りが高く、真っすぐで、誠実で、いい人たちだ。

3　日本に恋する予備自衛官

このように、国防とはほとんど無関係な職場や役所などで働きながら、日本人であることを誇り、日本の国を守ろうとしている人たちの一群が「予備自衛官」である。

彼らの愛国心は半端ではない。自分の身を捨ててでも、美しい日本の国と家族を守ろうとする気持ちは、ことのほか強い。現代の日本から消えていきそうな武士道を守り続ける、純粋な「ラストサムライ」のような人たちもいる。日本を好きになることを通り越し、日本に恋をしているのだ。

「戦争を美化するものではないが、ひとたび、国家、民族の主権を侵され自立自衛を危うくされた場合、戦争を否定して死を厭うほど、私は卑怯者ではなかった。私は、戦場での三〇年間、生きる意味を真剣に考えた。戦前、人々は命を惜しむなと教えられ、死を覚悟して生きてきた。戦後、日本人は何かを命をかけてやることを否定してしまった。覚悟しないで生きている時代はいい時代かもしれない。だが、死を意識しないことで、日本人は生きることをおろそかにしてしまっていないだろうか」（『わが回想のルバング島』小野田寛郎《ひろお》著、朝日文庫）

陸軍中野学校を卒業した小野田少尉は、戦後も諜報将校として三〇年間もジャングルで戦い続けた。日本に戻って、国家観の薄い日本と、若者たちのノンベンダラリとした生き方に愛想をつかしてブラジルに渡り、そこで日本人らしく生涯を終えた。

予備自衛官は、戦うことを厭わない、小野田少尉好みの剛毅な男たちが多い。彼らは一様に、郷土と国を愛し、悠久の大義に身を捨てた男たちを、心から尊敬している。

美しかった神風特攻隊

先の大戦中、沖縄出身の陸軍軍人に、伊舎堂用久《いしゃどうようきゅう》という、珍《めずら》しい名前の大尉がいた。

昭和二〇年三月二六日、隊員三名とともに石垣島の白保《しらほ》の基地から飛び立ち、慶良間《けらま》列島の沖に浮かぶ敵の航空母艦に突っ込んで散華《さんげ》した。だが、出撃前も悲壮感は全くなく、輝くような明るい笑顔で敬礼をして、操縦桿《そうじゅうかん》を握って飛び立ったそうだ。出発前に辞世の歌を残している。

指折りつ 待ちに待ちたる機《とき》ぞ来る
千尋《ちひろ》の海に散るぞたのしき

予備自衛官であるニュースキャスターの葛城奈海《かつらぎなみ》さんは、この遺詠が刻まれた石垣島の石碑を訪れ、感動し、次の文章を書いた。

「なんと壮快な遺詠であろうか。私心を捨て去り、悠久の大義に生きることを決意した人間からほとばしった清流のような、あるいは澄み渡る大空に吸い込まれるような清冽さに、私は魅了されずにいられなかった」

神風特攻隊の物語は、実にたくさんある。靖國神社の遊就館や鹿児島知覧の歴史館には、おびただしい数の遺書や遺詠が残されていて、読む人の涙を誘う。

彼らのほとんどが、日本の国と、愛する家族の安寧を信じ、祈って敵艦に体当たりしたのである。そこには一点の迷いもなく、権勢欲や名誉欲もなく、いっさいの恐れもなく、彼らは清らかに散っていった。

特攻による英霊は、六四一八名にものぼるが、彼らの戦死は決して無駄ではなかった。

以下は、アメリカ海軍アーネスト・キング海軍元帥の報告である。

「四月六日から始まった日本機の攻撃は、今までなかった激烈なものだった。この攻撃は凄惨を極めた。海上でのアメリカ兵の戦死者は四九〇七名、戦傷者は四八二四名。

艦船の沈没は三六隻、損傷は三六八隻。

航空機の喪失は七六三機。

このため、多数の空母は海上に停滞を余儀なくされ、日本本土攻撃が十分にできなくなった。アメリカ兵に厭戦感や恐怖心が高まった」

日本の反戦平和主義者たちが、特攻は無駄死にだった犬死にだったとバカなことを言うが、そんなことは絶対にない。アメリカ軍を痛めつけ、恐怖心に震えさせ、日本本土での悲惨な戦争を食い止めたのは、英霊となった神風特攻隊なのである。彼らの見事な戦いぶりと潔《いさぎよ》い最期を讃《たた》える外国人は多い。

「スターリン主義者、ナチ党員たちは、結局は権力を手に入れるための行動だった。日本の特攻兵たちはファナティックだったのだろうか。断じて違う。彼らには権勢欲とか名誉欲などかけらもなかった。祖国を憂える尊い情熱があるだけだった。代償を求めない純粋な行為。そこには真の偉大さがあり、男の崇高な美学があった」アンドレ・マルロー（フランスの文学者、文化相）

「わが海軍が日本のカミカゼによってこうむった損害は、アメリカが誇る巨大な航空母艦ホーネット、イントレピッド、レキシントン、エセックスなど三〇隻が沈没、損傷三〇〇隻以上、アメリカ兵九〇〇〇人以上が死亡や行方不明となった。恐ろしいサムライたちだった」チェスター・W・ニミッツ（アメリカ海軍元帥）

戦後、七〇年以上にわたって日本が戦争をやっていない理由の一つは、あらゆる戦場での、日本軍の奮戦の歴史があるからである。英霊たちが日本を守ってくれているのである。外国、特にアメリカは、日本とだけは二度と戦争をしたくない、という気持ちを持っているという。

古いアメリカ人は、日本兵の死をも恐れぬ、勇敢な戦いぶりをよく知っている。硫黄島、ペリリュー島、レイテ島、サイパン島、テニアン島、アンガウル島、沖縄などの日本兵の勇猛な戦いぶりや、身を捨てて襲いかかる特攻機の恐怖を、よく記憶しているからである。

日本人、特に国を愛する自衛官は、愛する祖国を守るために命を捧げた先輩の英霊たちに感謝し、その熱い思いを確実に受け継いでいかなければならない。私たち日本人は、誇り高き武士道の国の人間なのだから。

命がけで守るもの

「国家」とは、国と家のことである。

「家」は、風雨や火災、泥棒から家族を守るためにある。

「国」は、天災、人災、外国の侵略から国民を守るためにある。

日本民族の血縁、地縁、誇りで成り立つ、日本という「国家」は、そこに住む日本人が、命がけで領土と民族を守り、子孫をつないで、守っていかなければならない。

虫でも、魚でも、鳥でも、獣でも、生きとし生けるものは、自分たちの種族と領域を、命をかけて守る宿命を持っている。

私たち自衛官は、このかけがえのない日本を命をかけて守る使命に、強い誇りを抱いている。私たちは、自衛隊に入隊すると、以下の宣誓文に署名させられ、暗記させられる。

「ことに臨んでは危険を顧《かえり》みず、身をもって責務の完遂に務め、もって国民の負託にこたえることを誓います」

自衛官は、災害派遣や危険地域に派遣される時、海外に派遣される時、米軍や旧日本軍が残した不発弾の除去作業や、深夜の弾薬庫の孤独な立哨警備の任務にあたる時などに、この宣誓文を口ずさむことが多い。そうして自分を鼓舞するのだ。

すべては、愛する日本人と、日本という国体を守るために——。

「専守防衛」バカみたい

戦後、政治家もマスコミもそろって、日本が軍備を持つことに反対してきた。

昭和二五年（一九五〇）、スターリンや毛沢東が指導する暴力的な共産主義勢力が力を伸ばし、世界が混乱してきた隙をつき、北朝鮮が南朝鮮（韓国）に侵攻、朝鮮戦争が勃発した。

日本に駐留するアメリカ軍は朝鮮戦争にかり出されたために、GHQ（連合国軍総司令部）は日本政府に、警察に近い軍隊を作ることを命じた。七万五千人の若者が応募して、新国軍の基礎ができた。名称は「警察予備隊」。本部は警視庁の中に置かれた。やがて「保安隊」と名を変え、本部を越中島に置いた。兵器の大半はアメリカ軍のものだった。

あれから七〇年、組織は「自衛隊」と名を変えて、近代装備を持つ世界有数の軍隊に成長した。だが、軍備を禁ずるアメリカ製の憲法に縛られた軍らしく、自衛隊の出発時点から「自衛隊イコール専守防衛」という言葉が、しっかりと貼り付けられたままだ。ハリネズミのように身を守るだけで、絶対に攻撃をしないというのが「専守防衛」。だから「軍」とは言わず「自衛隊」という。

これはおかしい。独立国家なら「専守防衛」などという意味不明なことを言うべきではない。「専守防衛」は百戦百敗ということで、戦争になれば必ず負《ま》けることを意味している。ボクシングでただ殴られっぱなしの防御戦なら、すぐにノックアウトされてしまう。柔道でも剣道でも、空手でもレスリングでも、防衛だけで攻撃ができないのであれば、あっというまに、みじめな敗北を迎える。

つまり、日本の防衛とはそのようなものであり、日本が堂々とした独立国家であるならば、間違っても「専守防衛」などと口にすべきではないのである。

国防軍（自衛隊）は、自分の命をかけて敵と戦う使命を与えられているのだ。やられっぱなしの哀れな軍ではないということを、世界に示さなければならない。日本を攻めたら何倍も痛い目に遭うぞ、と思わせる必要がある。

外国の軍隊は知っている。東洋の島国の日本軍は、かつて世界最強であり、アメリカ、イギリス、中国、オランダ、フランス、ロシアと、堂々と戦ったことを。

行動する予備自衛官グループ

既述のように、民間人である予備自衛官は、愛国心と政治的な意識が相当に強い。

現役の普通の自衛官は「政治活動に関与することが禁じられている」ので、歯がゆい思いを抱いていることが多い。自衛官は、政治団体を作ったり、参加したりすることができないし、特定の政治家を応援することもできない。新聞や雑誌に論文などを発表することもできない（田母神空幕長退任の事例）。あたかも借りてきた猫のように、おとなしくしているのが現役の自衛官だ。

そのため、自衛隊を退職してから、生き生きと政治活動をする者が多い。政治団体や民族運動に参加したり、政治家になったりする者もある。

隊友会

自衛隊OBや、予備自衛官の中にもいくつかの団体があるが、一番大きな団体は、この「隊友会」である。この大きな組織を基盤にした参議院議員が数名いるし、県知事もいる。隊友会は、退職した自衛官と日本の社会をつなぐ、大きな役割を持った組織であり、国防体制や他国の軍事情勢の研究なども行いながら、募集業務などに協力をしている。新入隊員への応援、災害派遣の支援、護國神社の清掃や慰霊祭などに、積極的に参加してきた。著名人による防衛セミナーなども開催して、防衛意識の啓蒙《けいもう》をはかり、月刊新聞『隊友』を発行している。

このほかには、航空自衛官OBの「つばさ会」、旧軍将校と一緒に行動する海上自衛官OBの「水交会」、陸上自衛官幹部OBの「偕行社」などがある。各団体とも、ことあるごとに靖國神社や護國神社に参拝し、会員の親睦と国防意識の高揚に寄与している。機関紙に書かれている論文は、とても参考になる。

予備自衛官には、一曹会とか陸曹会といった団体が各地方にあるが、隊員の親睦や研修、助け合い、民間防衛の拡充、国防広報や民族運動のために、主に三つのグループがある。

予備自衛官 善政同志会

会長：故伊東新三郎、顧問：故浜田幸一。自民党の青嵐会と強いつながりがあり、頻繁に赤坂プリンスホテルで会合を持っていた。目的は、国防体制の強化、靖國神社の国家による運営、憲法改正、日教組の排除、北方領土奪還など。

国防体制の法的欠陥を主張し「超法規発言」で自衛隊のトップを退任させられた栗栖弘臣統合幕僚会議議長や、「日本はいい国、侵略戦争などしなかった」という論文を書いて更迭させられた田母神俊雄航空幕僚長を擁護して、官僚主義の防衛省の役人と、やる気のない高級幹部（ダラ幹）を激しく糾弾してきた。市ヶ谷での三島由紀夫の決起を高く評価し、憂国忌などの行事に積極的に参加。自衛隊を本物の強い国軍にするため、防衛庁長官あてに何度も建白書を送付し、防衛庁から煙たがられた。（令和元年に伊東会長が逝去し、現在は活動を中止している）

予備自衛官 親睦クラブ

会長：曽山友滋（予備一等陸尉、自衛隊中央記念式典予備自衛官部隊指揮官）。主に埼玉近辺の予備自衛官による親睦団体。自衛官制度の拡充、身分保障、国民への国防の重要性を啓蒙する活動、北朝鮮に拉致された日本人の返還要求などを目的としている。『予備自衛官のさけび』発行（山本光光著、下田出版）。自衛隊地連部長や内閣総理大臣に要望書を送付。

予備役ブルーリボンの会

代表：荒木和博元予備陸曹長（拓殖大学教授）、副代表：石原ヒロアキ元一等陸佐（元化学防護隊長）、幹事長：葛城奈海三等陸曹（ニュースキャスター）、伊藤祐靖《すけやす》元二等海佐（元特殊作戦部隊小隊長）、顧問：田母神俊雄元空将（元空幕長）、荒谷卓《あらやたかし》元一等陸佐（初代特殊作戦群群長）、伊東寛元一等陸

佐（初代システム防護隊隊長）、監査：木本あきら元予備陸曹長（元拓殖大学客員教授）など。

北朝鮮に拉致された日本人救出のために平成二〇年に設立。会員は予備自衛官、即応予備自衛官、自衛官OBおよびOG。どんなお金持ちでも、愛国者でも、有力な政治家であっても、自衛官を体験した者以外の入会は不可。「武威」をもってでも、日本人を取りもどす意思を持った自衛官OB、現予備自衛官の集まりである。

通称は「RBRA《レブラ》（Reserve Blue Ribbon Association）」。「救う会」は全国にたくさんあるが、元自衛官が前面に立つのは、この団体だけである。

日本中の拉致された現場に行き、どのように拉致されたかのシミュレーションを何度も行っている。常に被害者の家族と連絡を取り合い、情報を集め、北朝鮮脱北者や韓国の拉致被害者家族とも接触し、韓国国内から大型バルーンを飛ばして北朝鮮国内にビラを散布している。

荒木和博が代表を務める「特定失踪者問題調査会」は平成一七年一〇月から、北朝鮮にいる拉致された日本人に対して、日本や世界の状況、家族の声などを短波放送で放送している。日本政府も協力してくれるようになり、「しおかぜ」という放送名で毎日、日本語、朝鮮語、中国語、英語で放送を続けている。

アメリカや国連などで拉致被害者家族の救出を訴える場合、荒木代表が同行することもある。

大きな会場で、一般日本人向けのシンポジウムを開き、拉致被害者救出の啓蒙活動も頻繁に行っている。機関紙『いかづち』発行（令和二年まで二〇号発行）。『自衛隊幻想』（産経新聞出版）発行。会員による論文発表や、著書の出版も多い。

射撃予習訓練中の著者（左）と「予備役ブルーリボンの会」荒木和博代表（右）

4　ピース・ニーズ・フォース

次ページの写真をご覧いただきたい。エジプト、シナイ半島に残る第四次中東戦争の戦場跡である。砂漠に立てられた大きな看板に、英語で「PEACE NEEDS FORCE」と書かれている。「平和を守るためには軍備が必要だ」という意味だ。

この場所は、一九七三年の第四次中東戦争でイスラエル軍とエジプト軍が相まみえた激戦地であり、砂漠の中に見える点々とした黒いものは、対戦車地雷である。赤さびた戦車も残されている。一〇年ほど前、私は妻を伴ってこの戦場跡を訪れた。妻は気味悪がって砂漠の中を歩かなかった。

すぐ近くにコンクリートのイスラエル軍の戦闘指揮所があった。ここでイスラエルの猛将シャロンが指揮していたのだ。すぐ近くにはスエズ運河があり、対岸はイスマイリアという、緑ゆたかなエジプトの町である。私たちはイスマイリアの友人宅に泊めてもらい、激戦の跡を見て回った。

イスマイリアはスエズ運河に面した、かつて猛々《たけだけ》しい戦争があったとは思えない静かな町で、エジプトを代表する、おいしいマンゴーの生産地である。町の入り口には、子供や住民が手投げ弾をイス

砂漠に立つ「PEACE NEEDS FORCE」の看板

ラエル軍に投げつけて抵抗をする、大きな石像が建てられている。

当時、スエズ運河を渡ってきたイスラエル軍の戦車に対して、イスマイリアの住民は女も子供も武器を持ち、防御戦闘を行った。ここで負けると、イスラエル軍に首都のカイロまで攻め込まれて、エジプトは完全にイスラエルの軍門に下ってしまう。絶対に食い止めなければならない戦いだ。

激戦が続き、イスマイリアの住民は、子供や老人までが爆弾を抱えて、侵攻してくるイスラエル軍の戦車の下に飛び込み、これを破壊した。さらにエジプト軍は、激しい砲撃を行った後、戦闘部隊は逆にスエズ運河を渡り、イスラエル軍を奇襲攻撃した。

エジプトのサダト大統領の手堅い作戦と、普段から十分に貯蔵していた武器弾薬が効果的に使われ、イスラエル軍は初めて窮地に陥った。その結果、連戦連勝を誇るイスラエル軍は初めて敗北し、シナイ半島を手放した。両軍による和平会議が開催され、第四次中東戦争は終わった。中東戦争の経緯は以下の通りである。

第一次中東戦争（一九四八年）イスラエル建国に反対するアラブ諸国との戦争。イスラエルの勝ち。

第二次中東戦争（一九五六年）エジプトのナセル大統領がスエズ運河を国有化したことによる、イギリス、フランス、イスラエル連合軍とアラブ連合軍との戦争。イスラエル側の勝ち。

第三次中東戦争（一九六七年）イスラエルがエジプト、シリアなどを奇襲攻撃。六日間の戦争で、イスラエルの勝ち。ショックでエジプトのナセル大統領は死去。サダト新大統領が就任。

第四次中東戦争（一九七三年）イスラエルがシナイ半島の深部まで攻め込むが、北からシリアが、南からエジプトがイスラエル軍を挟撃して、エジプトの勝ち。


中東と北アフリカには、平穏という時代はほとんどない。四千年の昔から、常にどこかで、血と血で争う毎日が続いていると言ってよい。だから、しっかりとした軍備を持たない国は、一気に他国に占領される。中東や北アフリカの国々は、隣国を信用しないし、助け合うこともほとんどない。

「隣を助ける国は、やがて滅びる」クラウゼヴィッツ（一九世紀プロイセンの軍人）
「平和のために、戦争に備えよう」（ローマの格言）

エジプトは、この戦場に「ピース・ニーズ・フォース」と書いた看板を立て、エジプト人の士気を高めているのだと思う。「自分の国を守るために、しっかりとした軍備を持とう」と国民に呼びかけているのだ。今は平和だけれど、いつまた戦争になるかもしれない。戦争に備えよう。アラブの国々は、あまねく同じような考えを持って軍備を備え、激しい訓練を行っている。

私は砂漠が大好きだ。人工のものがいっさいない、砂だけの世界は美しい。ぽつんと一人でいると、宇宙の中に迷い込んだように、不思議な浮遊感を覚えて、悲しみも恐れも悦《よろこ》びも忘れ、神の境地にさまよい込んだのではと思うことがあった。人おらぬ砂の世界は、純潔で美しい。ここで、私はたくさんの短歌を詠《よ》んだ。そのうちの一首。

人は去りラクダも去りてわれ一人
砂漠に座して神の声待つ

確かに、砂と星だけの沈黙の世界にいると、神を感ずる。そうだ、この中東の砂漠から、ユダヤ教、キリスト教、イスラム教という三つの天啓宗教が生まれたのだ。

神秘的で穢《けが》れのない砂漠から、猥雑で混沌とした人間社会に戻ると、思わず「う～」と、うなりたくなる。人と人との憎しみ合い、けなし合い、悲しみ、喜び、騙《だま》し、騙されの世界だ。

中東や欧米は、日本と違って危険がいっぱい。世界の人々は優しくて平和を愛していると信じている日本人は、カモだ。これまで、外国人に騙された人の好い日本人を何百人も見てきたし、殺された日本人も見てきた。私自身、何度も危険な目に遭ってきた。

リビアのベンガジに駐在していた時には、汚職事件で刑務所にぶち込まれたことがある。

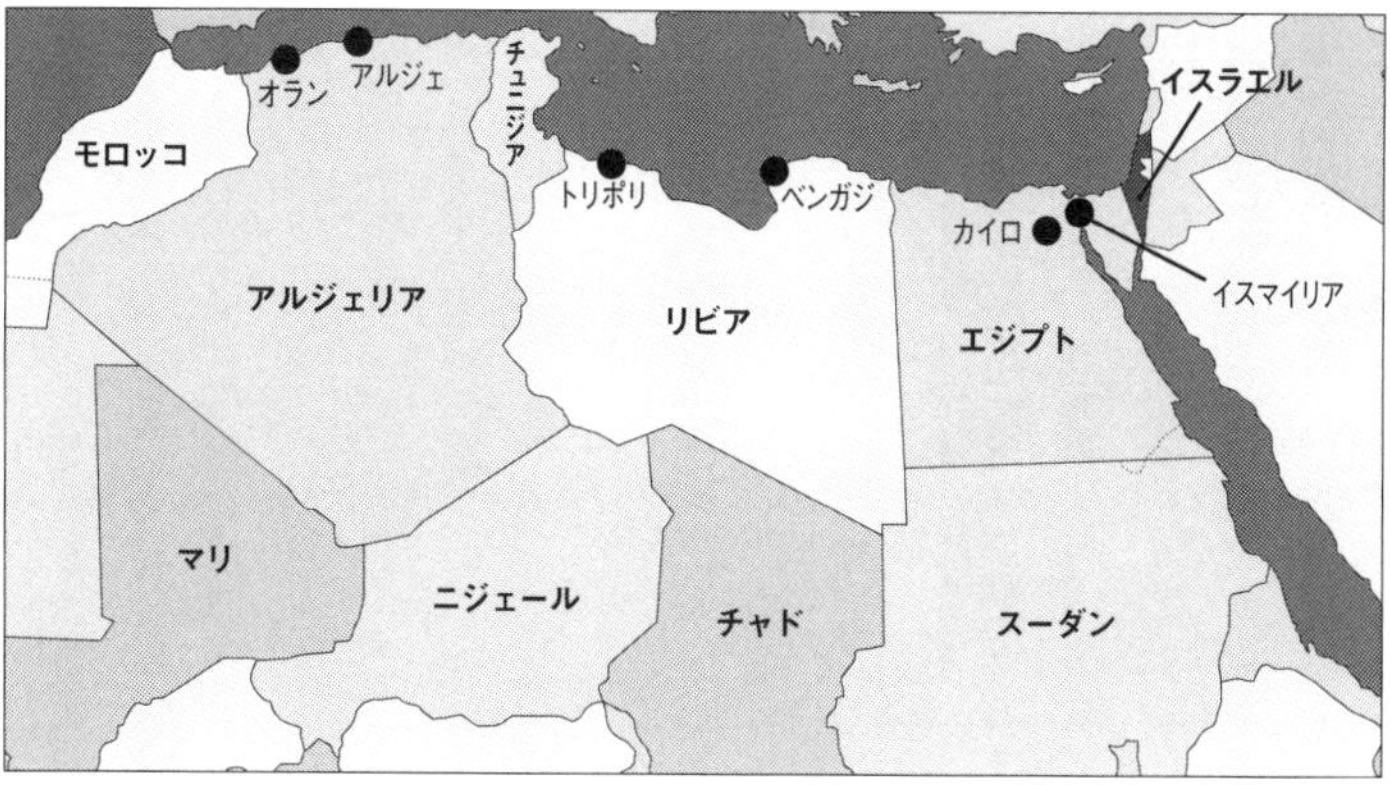

北アフリカの地図

リビアでの獄中生活

当時、私は北アフリカのリビアでエチレンプラント建設工事の現地所長をやっていた。工事がおおむね終わるころ、リビアはチャドと戦争になり、外貨がなくなり、われわれに工事代金を払えなくなってしまった。

元首のカダフィ大佐は、大変強気な男で、アメリカ、イギリスなどとも戦争状態で、アメリカ軍は、何度か空襲を行った。リビアは徹底的な経済制裁を受けて、豊富な石油はほとんど輸出できず、国内からモノとカネが消え、自給自足状態になってしまった。リビア人の不満は高まるが、カダフィ大佐が力で民衆を押さえつけていた。

私たちは東南アジアから雇用した約八〇〇人の労働者を帰国させたが、工事代金の支払いはストップしたまま。本社からは、工事代金をなんとか回収しろと、やんやと言ってくる。

リビア人の元高官やカダフィ大佐の知人と称する人間がやって来て、政府から金を出させるから、五パーセントのコミッション（仲介料）をくれとか、原油で工事代金を払うので、原油を積んだタンカーをイタリアに送ったなら、七パーセントのコミッションをもらいたいだのという申し出があった。このような会話は、すべて盗聴されていた。私はもちろん、すべて断った。

しかしその後まもなく、私は冬のある寒い夜、突然高官に対する汚職容疑で逮捕され、投獄された。一週間ほどの汚い刑務所の独房生活の後、首都トリポリにある古い建物の一室に連れて行かれ、短時間、カダフィ大佐に面会したことがある。私が想像していたより小さな体ではあったが、さすが二七歳で革命を起こし、腐敗した王政と政権を力ずくで倒した青年将校らしく、威厳に満ちていた。彼は、日本の明治維新から学んで、民族主義に目覚めたという。今や一国の元首となった独裁者は姿勢が正しく、不思議なオーラを発して私の目を真っすぐに見つめた。

カダフィ大佐

英語とアラビア語の通訳を通じ、彼は穏やかに話し始めた。私は自分の無実を訴え、未払いになっていた工事代金五〇億ドルの返済を訴えた。彼は静かにメモを取り終えた後、突然驚くような質問をしてきた。「いつ日本はアメリカに対して、落とされた原爆の復讐をするのか?」と。

私は「えっ?」と言ったまま、何も答えることができなかった。

その後すぐに私は釈放されたが、約四カ月間パスポートを没収され、リビアからの出国は許されなかった。その間、秘密警察がたびたび夜中に私を迎えに来て尋問をした。「リビア人の誰と会ったか、何を話したか」ということが中心である。

私はこのまま一生リビアにいなければならないのだろうかと思っ

リビア砂漠で現地の友人と（右が著者）

ていたところ、知人のアリ大佐（秘密警察の大物）が来て、リビアの軍隊に入ったらどうかと言われて驚いたことがある。私の自衛隊の経歴を調べたらしい。

私は、カダフィ大佐を尊敬していたので、「その件は考えておきます。リビア軍に入隊したなら、よろしくお願いします」と答えた。

私の専属のリビア人の運転手は、ベンガジ大学の学生で、私ととても気が合っていた。彼は若いながら、一生懸命に私の弁護をしてくれた。「ミスター木本は不正をする男ではない。悪いのは、工事代金を払わないリビアの担当者だ」と。

東京では、前出の「予備自衛官善政同志会」が、伊東新三郎会長（当時）の発案で、リビア大使館に圧力をかけてくれた。「同志の木本を釈放しないと、われわれ日本の元軍人は、リビア大使館を爆破する」と。

この「武威」の効果があったのかどうか分からないが、私はリビアの秘密警察に呼ばれ、担当の少佐がニコニコしながらパスポートを返してくれた。さらに、遅滞していた工事代金の支払いも、何度かに分けて振り込んでくれるようになった。

リビアの刑務所には、ホンダ自動車に勤務する日本人の技術者も収容されていた。彼は、一年間の駐在を終えて帰国するため、ベンガジからトリポリへ飛んだ飛行機の機内で写真を撮った。そして、トリポリに着くと即逮捕、スパイ容疑で約半年も収容されていたという。

刑務所には韓国人もいた。これまた気の毒を絵にかいたような容疑である。憔悴《しょうすい》した彼は、次のように語ってくれた。

まもなく帰国するので砂漠のハイウェイを運転をしていたら、一台の車がひっくり返っていた。それを助けようと、停車して事故車のそばに行くと、誰もいなかった。運転席のドアは開けっ放しだった。やがて警察の車が通りかかった。

「お前、ここでなにしてる?」

「誰かケガでもしているのかと思って見てました」

「車の部品を盗ろうとしてたんだろう?」

「いえ、違います」

「いいから付いてこい」

と言って町の警察署に連れていかれ、窃盗容疑で逮捕されたのだ。彼が言うには、韓国人の奥さんも、スパイ容疑で逮捕されて刑務所にいるとのこと。彼女も、まもなく帰国になったということで、ベンガジの港で子供と記念写真を撮っていたところ、軍人が来て連行されたという。

「なぜ写真を写したのか?」

「もうすぐ帰国するので、思い出の写真を撮ったのです」
「フィルムを抜け」
「はい」と言ってフィルムを外して渡した。これで自由になり、帰ることができると思っていたら、三人ほどの軍人が来て、現像したばかりの写真を持ってきた。そこには潜水艦の一部が映っていた。そのままスパイ容疑で逮捕。

私と一緒に仕事をしていたイタリア人のエンジニアも逮捕された。まもなくクリスマスなので、イタリアから送る工事用のパイプの中の一本に、大きなチョコレートの塊《かたまり》を詰め込んだ。空港の税関でそれが見つかり、日本円で二〇〇万円の罰金を払わされ、その男は約一カ月間、刑務所に収容された。

その後「アラブの春」の大衆革命がリビアでも起こり、カダフィ大佐は、かつて私が仕事をしていたトリポリから東方に三六〇キロ離れたシルトという所で、不平不満が溜まって激高したリビア民衆によって二〇一一年、銃殺されてしまった。つらいニュースだった。

その後、強力なリーダーを失ったリビアは内戦が続き、いつ平和が来るのかは不明だ。かの地では、毎日のように血が流れている。たぶん、たくさんの私の友人も死んだであろう。カダフィ大佐は、かなり強引で冷酷な男だったらしいが、この「中東の織田信長」を、私はとても懐かしんでいる。

これが普通の世界の常識だ。自由で平和で、何を言っても何を書いても許される国は、日本だけだろう。現在でも、十数人の日本人がスパイ容疑で中国政府に逮捕収容されている。

アルジェリアのテロ事件

二〇一〇年から、私はアルジェリアの都市オランにほど近い、アルズーという所で仕事をしていた。先にも触れた「アラブの春」という革命が二〇一一年、隣国のチュニジアで発生し、一挙に北アフリカとアラブの国々を民衆革命が襲った。チュニジア、リビア、エジプト、イエメンでは、長期独裁を続ける国の指導者が次々と倒された

私は、治安が極めて悪いアルジェリアに行くことになった時、出発前に二人の息子に短歌を書いた。何か起こりそうで、ひょっとしたら生きて日本に帰ることができないかも、という嫌な予感が胸によぎったからだ。なにしろ、過去一〇年間に、テロ事件が一万回以上も起こっている国だ。

息子らよわれの非命を悲しむな
不器用ますぐなる父をし誇れ

燃え滾《たぎ》るアフリカの地にガス基地を
建設するはこれも報国

アルジェリアのオラン国際空港に着いたら、外国人は絶対に外に出ることができない。必ず迎えの車を手配し、その車の前方を警察の車両、後方を物々しく機関銃を装備した軍隊の車が警護して、目

アルジェリア事件／海外進出企業の安全は

自衛限界　国が支援を

元駐在員「民衆心理も把握必要」

建設現場の仲間と撮影する木本さん㊥＝2009年12月、アルジェリア・アルズーで（いずれも木本さん提供）

アルジェリア事件を伝える当時の新聞記事（東京新聞 2013 年 1 月 23 日付）

的のホテルや建設現場に行かなければならない。いやはや大変な所に来たもんだと思った。政府軍と反政府ゲリラの戦闘は頻繁に起こっているという。

オランはアルジェリア第二の都市で、フランス外人部隊で有名な所だ。ここで、フランスの文豪カミュが生まれ育ち、『異邦人』を書いてノーベル文学賞をもらった。

かつて、この古い町から黒死病と呼ばれるペストが発生し、ヨーロッパを恐怖に陥れたことがある。そのことを、カミュが『ペスト』という小説に書いて、今で言うパンデミックが有名になった。

私が駐在中も、中国人の建設関係のバスが襲われ、警護のアルジェリア軍の兵士全員が射殺されて、武器だけでなく着ていた戦闘服まで獲られるという事件が起こった。そんな場所で約一年半、トルコ人や現地の人間と一緒に、この非常に危険な毎日の中、なんとか工事をやり遂げて、無事帰国できた。

その後、二〇一三年一月に事件は起こった。「アラブの春」が吹き荒れている最中、アルジェリア中東部のサハラ砂漠にあるイナメナスという所で、日本の日揮（石油や天然ガスなどのプラント建設では世界最大級の会社）が建設中の液化天然ガスプラントのキャンプ（宿舎）が、過激派ゲリラに襲われたのである。ＡＱＩＭ（マグリブのアル・カイーダ。マグリブとはアラビア語で日の沈む地「アフリカ北西部」の意味）の犯行とされる。

三八名のエンジニアが射殺され、うち、日本人一〇名が犠牲となって大騒ぎになった。その中の一人に私の知人の前川秀海《ひでみ》さんがいると知った時、私は大変なショックを受けた。

現地の情報は少ない。最近帰国した男がいる、ということで、この事件のあと数日間は、千葉の私の家にＮＨＫはじめ大手のテレビ局が殺到して、えらい目にあった。あの事件の当時、いろんなテレビ番組でコメントする私を見た人は多いはずだ。

平和にだらけ、緊張感に欠けた日本にいると、時として虚しくなることがある。こんな時、中東に行くと、身が引き締まり、危険と対峙しながらいかに今を生き抜いていくかという男の本能が目覚める。

私はリビアからの出国後も、こうしてカタール、エジプト、アルジェリア、インドネシアなどに駐在し、厳しい世界を体験することができた。そして、年に一度帰国して、予備役訓練に参加した。

世界中の国民は、自分の国の生存のために、命がけで戦う覚悟を持っている。これが世界の常識、「ピース・ニーズ・フォース」である。

5　スイスの国防はすごいぞ

平和が大好きな日本人の多くが誤解していることがある。ヨーロッパの永世中立国スイスのことだ。どの国とも軍事協定を結んでいない中立国のスイスは、アルプスに囲まれた、平和で美しい国だ。軍事同盟を結んでいないので、軍事力を持っていない、と思っている日本人が多い。私自身も中学生のころ、そのように学校で教わり、かなり長いあいだスイスの非武装中立を信じていた。

私は、六年間の陸上自衛隊生活から足を洗い、アメリカで二年間、仕事をしながら英語を学んだ。MRA（Moral Re-Armament：道徳再武装）〔後述〕という国際的な道義再建運動に参加し、ミュージカルショー「Up With People」の裏方であるステージクルーのメンバーとして忙しく働いていた。このミュージカルは全米各州だけでなく、世界中で公演をしていた。ステージを作ったり、音響や照明のセットをしたり、寝る暇がないほど忙しい日々を送っていた。

歌ったり、踊ったり、演奏したりする華やかな出演者は約一〇〇名。世界二〇カ国ほどからの参加者がおり、日本人も四人いた。ステージクルーは約一〇人で、クルーのマネージャー（責任者）はスイス人だった。真面目《まじめ》で責任感の強い好青年で、私を弟子のように思い、ステージ設営の方法を懇切丁寧に教えてくれた。

一九六八年の春、約三カ月間にわたって、フランス、ベルギーなどで公演旅行を行った。フランス北東部アルザス地方のストラスブールにおける公演の最中、このスイス人のマネージャーは私を呼び、ニコニコしながらコーヒーを持ってきて話しかけてきた。

「キモトよ、聞いてくれ。俺は知っての通りスイス人だ。スイス人は全員、国防ために働く義務がある。国民皆兵制だ。二年間の兵役が終わっても、毎年、軍に出頭して訓練を受けなければならない。お前も日本の軍曹らしいな。日本には兵役の義務はないのか?」

「日本には自衛隊《デフェンスフォース》という小さな軍隊があるが、他国のような徴兵制はないよ。俺は、アメリカ製の憲法で戦争を禁じられているおもちゃの軍隊に飽き飽きしたので、自衛隊を辞めてアメリカに来たんだ。今、ドンパチやっているベトナム戦争にアメリカ軍として行けと命じられたら、参加する覚悟で日本を離れた」

「そうか、いい覚悟だ。ベトナム戦争は少し問題があると俺は思うが、自分の国を自分で守るのは、国民の義務だ。スイス人は世界中どこにいても、年に一度は国に帰って訓練を受けなければならないことになっている。National Reserve Force (予備役) だ。お前の国には予備役はないのか?」

「あるよ。だけど俺は予備役になっていない。希望すれば入れる。あんたと同じように予備役は年に一度、訓練を受けなければならないからね」

「ところでキモト。今のステージクルーの仕事は、だいたい覚えたようだな。そろそろ、お前が責任者になれ」

「俺がですか。難しいですよ。有色人種をハナからバカにしているアメリカ人やカナダ人を使うのは難しいです」

「いや、日本の元サージャン（軍曹）のお前にはできる。このインターナショナルな組織を仕切るのは、我《が》の強いアメリカ人では無理だ。実は、お前にどうしてもやってもらいたい理由があるんだ。ここストラスブールからスイスまで、ひとっ飛びだ。さっき言った通り、俺は国に帰って軍隊に戻り、スイス人としての義務を果たさなければならない。だから、明日からお前がステージマネージャーだ。たのむぞ、サージャン」

こうして私は、ヨーロッパ公演中に、ステージマネージャーに祀《まつ》り上げられたのである。その後、約一年間、なんとか重責を果たせたと自負している。アメリカに戻ったら、今度はもう一人のスイス人とイギリス人が兵役のために帰国した。一名は女性である。

ヨーロッパの中で、スイス人の性格はおとなしい方だ。アメリカ人や南米の人間のように、大声でわめくように話す人間は少ない。ただし、スイス人の国防意識は、ことのほか強い。過去二〇〇年間、外国から侵略されずに、どことも同盟を結ばず、独立を守り続けていることに強い矜持《きょうじ》を持っている。

スイス民間防衛

スイス人の家庭には、国から支給された自動小銃と戦闘服が保管されている。二〇歳から三〇歳のあいだ、健康なスイス人は軍事訓練を受けなければならない。家庭内には、戦争に備えて二週間以上の水や食料が保管されている。どの家にも地下室があり、核戦争にも生き延びることができるシェルターになっている。スイス国内の主要道路では、戦車侵入の防止柵や、機関銃を備えたコンクリート製のトーチカを見ることができる。

各家庭には、政府から支給された武器のほか、二冊の本がある。『軍事操典』（軍事教練全般）と、『民間防衛』（自宅や学校、職場での戦争への心構え）だ。

この『民間防衛』には、日本人でも参考になることがいろいろ書いてあるので、その一部を紹介したい（原書房から刊行されている日本語版より）。

「国土の防衛は、わがスイスに昔から伝わっている伝統であり、わが連邦の存在そのものにかかわるものです。そのため、武器をとり得るすべての国民によって組織され、近代戦用に装備された強力な軍のみが、侵略者の意図をくじき得るのであり、これによって、われわれにとって最も大きな財産である自由と独立が保証されるのです」

国防は、武器を取れる国民すべての義務である――と書いてあるのだ。同じようなことを、日本の政府が発表したなら、お花畑の日本人は大騒ぎして、かつての安保騒動のように、日本のあらゆる機能がストップしてしまうはずだ。

永世中立国のスイスの産業で有名なのは、時計などの精密機械工業と化学薬品工業、そして金融と観光だろう。もう一つ重要な輸出産業は、兵器である。機関銃などの小火器だけでなく、無人航空機なども輸出している。その額、年間五万一千フラン（約六〇〇〇億円）と言われている。Oerlikon

Contraves社（機関砲の名門）、Mowag社（装輪装甲車の名門）、その他Ruag Ammotec社、SIG社などが有名で、日本の自衛隊も武器の一部を購入している。例えば、陸海空の自衛隊で使われている九ミリ拳銃「P220」は、このスイスSIG社製のものである。またスイスは、武器だけでなく兵員も、傭兵として輸出していた。今も、バチカンを守る衛兵は、スイスの軍人だ。

同じような永世中立国のスウェーデンの重要な輸出品も兵器である。自動車で有名なサーブ(Saab)の主体は兵器産業で、多くの国に輸出している。自衛隊の八四ミリ無反動砲カールグスタフは、スウェーデンFFV社製だ。

このように、日本人の抱くイメージ「中立国＝平和国家」は、とんでもない間違いなのである。

登山が趣味の私は、二度スイスを訪れたことがあるが、美しいアルプスの景色に心酔してしまい、このままここに住みたいとさえ思ったことがある。しかしその幻想はすぐに破られた。物価は高く、食いものがマズいからだ。

スイスの主食はパンと肉だが、人々は、粗食に近い食事を食べている。パンの種類は多いが、実にマズい。なぜかって？　これも国防が原因だ。

酪農や農業がさかんなスイスは、毎年良質な小麦ができる。しかし、こうした小麦粉は政府に買い取られ、戦争に備えて備蓄されるのだ。一般に出回るのは三年前の古古粉。だからパンは固くてマズいのだ。このようにスイスの国防意識は、お花畑の日本人とは月とスッポンの差がある。

さて私は、アメリカから帰ってすぐ自衛隊東京地方協力本部に行き、予備自衛官になった。愛国心の強いスイス人の爪のアカを煎じて飲んだのである。MRAの「Up With People」から、規律正しい国防精神も学んだのだ。その後は、世界のどこの国に駐在していても、日本人の義務として、年に一度の予備役招集訓練に参加するようになった。当然、往復の航空運賃は自分持ちだ。予備自衛官に大変な金をつぎ込んできたが、これも御国のためと十分に満足している。

ＭＲＡ（道徳再武装運動）

アメリカ人のフランク・ブックマン博士が率いる「オックスフォード・グループ」が発展して一九二一年に発足した、国際的な道徳と精神を高める実践運動。「宗教や思想を超えて、精神的道義的に再武装された人々によって、新しい融合された世界が再建されなければならない」という考えで、毎日を「正直、純潔、無私、愛」の四つの道義基準に従って行動する。スイス・レマン湖のコーという美しい場所に本部があり、アメリカではアリゾナのツーソンに拠点がある。日本には東京の南麻布に「ＭＲＡハウス」があり、理事長は、渋沢栄一の直系の孫である渋沢雅英氏。なお、渋沢栄一は二〇二四年より新一万円札の顔となる。

6　国を守るという素晴らしい使命

「英霊の声」（三島由紀夫）

朝な朝な昇る日はスモッグに曇《くも》り、
感情は鈍磨し、鋭角は磨滅し、
烈《はげ》しきもの、雄々《おお》しき魂は地を払う。
血潮はことごとく汚れて平和に澱《よど》み
ほとばしる清き血潮は涸《か》れ果てぬ。
天翔《あまが》けるものは翼を折られ、
不朽の栄光をば白蟻どもは嘲笑《あざわら》う。

この短い三島由紀夫の詩を読むと、背筋が冷たくなる。日本におかれた自衛隊の立場と、悩みと苦しみを一気に述べているような気がするからだ。

魂のない軍隊。武士道を教えない軍隊。戦争のできない、おもちゃの軍隊。防衛費が五兆円以上に増えたけれど、その四四パーセントが人件費と糧食費。国防に関する装備費は三割。残り三割が基地対策費と米軍への思いやり予算。慢性的な人員不足(陸、空、海で約二万人以上が不足)。防衛装備は外国まかせ。三菱重工やIHIなどが作る国産の兵器類は、たった四パーセント。あとはアメリカから「言い値」で買わされている。しかも、北朝鮮や中国からのミサイル攻撃に対する、陸上配備型イージス・アショアは、配備を中止してしまった。これなどは、秋田県と山口県に設置することを決定し、アメリカに巨額の金を払ったにもかかわらず、迎撃ミサイルを発射した後に空のタンク(ブースター)が民有地に落ちるという、バカげた理由で配備をやめたのである。もし、どこかの国が戦略ミサイルを日本に撃ち込み、たくさんの日本人が死んだら、いったい誰が責任を取るのか。

国防を否定するアメリカ製の憲法を改正するどころか、ありがたがる国民の多さ。保身のためなら国さえ売ろうとする高級役人たちと一部の政治家。北朝鮮に拉致されたままの日本人を救おうとしない日本政府と自衛隊。竹島、北方領土を盗られっぱなしの日本。尖閣を中国に盗られる寸前の日本。軽薄なテレビ番組と反日マスコミの跋扈《ばっこ》。心ある自衛官は、ただじっと我慢して、現状の哀れな日本に対して、ただ口を閉ざすだけだ。

日本国憲法改正について

三島由紀夫は、市ヶ谷のバルコニーから叫んだ『檄文』の中で「自衛隊は敗戦後の国家の不名誉な十字架を負い続けてきた。自衛隊は国軍たりえず、建軍の本義を与えられず、警察の物理的に巨大なものとしての地位しか与えられず、その忠誠の対象も明確にされなかった」と戦後日本の矛盾を訴えた。

そして、戦後日本の矛盾は、アメリカ製の意味不明な女々《めめ》しい憲法にあり、この憲法を改正して自衛隊を真の国軍とすることによって、日本は再生できると訴え、壮烈な自刃《じじん》を行い、日本中に衝撃を与えた。三島由紀夫の命をかけた義挙から約五〇年がたち、少しは憲法改正の機運が醸成されてきたようにも見える。

現行憲法は、読めば読むほど矛盾に満ちた憲法である。自分の国の安全を守ることを否定している「自殺憲法」とも言える欠陥憲法だ。この憲法を作ったアメリカ占領軍のGHQが、日本を永遠にアメリカの精神的な奴隷とするための方策がこの憲法なのだ。そこには、いかなる武力の保持も、交戦権も許されないと明記されている。アメリカに二度と刃向かうことのないよう、すなわち、日本を精神的に非独立国としておくことにしたのである。この憲法をありがたがっているのは、大半のマスコミと、偉そうな学者たち、左翼野党、そして妄想的な平和主義者（パシフィスト）たち。

三島由紀夫が命をかけて訴えたように、日本人による、日本にふさわしい憲法を作らなければならない。それは、侵略から祖国日本を守り、日本の歴史と文化と伝統、すなわち日本の国体を守る、栄誉ある軍隊を再建することである。

独立国家は、必ず憲法に国防条項が明記されている。

「平和を維持するためには、相応の安全保障条項が必要。国民は祖国を守る義務がある」

現在、この条項のない国は日本だけである。自衛隊員たちは、現行憲法との矛盾を感じながらも、自衛隊法第三条一項の「自衛隊は、我が国の平和と独立を守り、国の安全を保つために、我が国を防衛することを主たる任務とし、必要に応じ、公共の秩序の維持にあたるものとする」を、ひたすら信じて訓練に励んでいる。自衛隊にのみ国防の義務が与えられ、国民には何らの国防義務がない不思議な日本に、われわれは住んでいるのだ。

自衛官採用年齢の上限引き上げ

自衛隊の発足以来、自衛官の充足率不足、すなわち定員不足が大きな問題だった。近年は特に少子化の進行と人口の減少、景気回復による民間の労働力不足のため、自衛官に応募する若者が激減し、募集業務が深刻化している。

そこで、防衛省は自衛隊法を一部改正して、自衛官の採用上限年齢を引き上げることにした。

- 二等陸士、海士、空士および自衛官候補生の採用上限年齢を、現行の二七歳未満から三三歳未満に引き上げる（第二五条関係）。
- 予備自衛官の陸士長、海士長、空士長以下の隊員の採用上限年齢を現行の三七歳から五五歳未満に引き上げる。即応予備自衛官の採用上限年齢を現行の三二歳から五〇歳に引き上げる（第三三条関係）。
- 一般曹候補生の受験資格年齢を二七歳未満から三三歳未満に引き上げる（第六条関係）。

われわれ、自衛隊の現場を踏んできた者からすると、多少やりにくくなることも考えられるが、少しでも充足率をあげ、安定的な自衛官の人材確保のためなら、やむを得ないことだと思う。

私自身、二三歳の三等陸曹の時、私より年上の二七歳の男が入隊してきた。モタモタしている彼を見て、年上の人間に怒鳴っていいものか迷ったことがある。それでも心を鬼にして怒鳴って教えた。これが一〇歳ほども年上の三二歳に対してなら、なお難しいだろう。しかし、自衛隊といえども軍隊であるから、厳しく接しなければならない。後輩諸君の頑張りに期待したい。

もう一つ、現在の自衛隊に不思議な現象がある。何年か勤務した隊員が途中で退職する際、退職を申し出ても、慰留されることがほとんどないことだ。人数が足りない、応募者が少ないと嘆くわりに、辞めていく人間を引き留めないのだ。

私が横須賀市にある武山の新隊員教育隊の助教をやっている時も、とても優秀な新隊員がいた。頭脳明晰、素直、体力抜群、顔つきもいい。将来、いい幹部になるだろうなと思っていたら、前期教育を終わったとたん、辞めると言い出したので、慌《あわ》てて慰留した。上司の幹部に報告したところ、辞めたいものは止める必要はない、除隊させろと言われた。辞めていくその優秀な隊員を、虚しい思いで見送った経験がある。

三等陸曹（下士官）になると、普通科では班長を命ぜられて、九名か一〇名の隊員を指揮して戦闘訓練をやるのだが、入隊者が少ないために、七人しかいないことがある。また、一個中隊四班の編成が、やむなく三班で攻撃訓練をすることがある。人数不足は戦略、戦術に大いに影響する。とりあえず、頭数をそろえないことには戦争にならない。こんな意味合いでも、今回の採用上限年齢の引き上げは効果があると思う。

ちなみに、戦闘で兵員の三割を失うと負け戦《いくさ》になると言われている。だが自衛隊の場合、戦う前から三割の兵員が欠如しているのだ。

そこで提案。下士官である自衛官（曹）の定年を延ばすべきである。現在、将の定年は、六〇歳。一佐の定年は、五六歳。二佐三佐の定年は、五五歳。尉官、曹長一曹の定年は、五四歳。二曹三曹の定年は五三歳。

私は、将軍以下の階級の自衛官の定年を、少なくとも三年は延ばすべきだと思うのだが……。

外国の軍隊は、常備役の任務が終了して退職する場合、通常、予備役に入ることが義務づけられている。だから予備役の兵員数が極めて多い。しかし日本の自衛官が退職する時は、予備自衛官に入る義務はないし、推奨さえされない。日本の防衛力は、おそろしいほど、ひ弱だ。特に兵員数はあまりに少なすぎる。元陸上自衛隊幹部学校教官の高井三郎氏が書かれた『国防態勢の厳しい現実』（勉誠出版）は大変ためになるので、一読をお勧めする。

現役だけでなく、予備自衛官の定年も延ばすべきである。現在は六〇歳になると、無条件で定年になるが、六五歳か七〇歳まで引き延ばしてもいいのではないかと思う。日本の一般社会でも、いろんな理由から、定年延長を実施している。現在の年寄りはとても元気で、ヤル気満々の者が多い。十分に御国の役に立つはずだ。

日本の国防はこれでいいのか

欠員の多い自衛隊だが、陸、海、空の三軍の実力は、世界から見て高く評価されているようだ。核兵器こそ持っていないが、武器などの装備は世界最高水準と言われ、隊員の訓練も真面目で、勉強熱心だ。戦闘能力は高い方だろう。

自衛官は、「ことに臨んでは危険を顧みず、身をもって責務の完遂に努める」という入隊時の宣誓をいつも心に秘めて、訓練や業務に励んでいる。自衛官の一人ひとりは、軍人として、この宣誓文を唱和した瞬間から、自分の命を国家に捧げる宿命を負うのだ。

予備自衛官の大半は、普段は一般人として、さまざまな職業についているが、いったんこの国に災いをもたらす事態が生じたならば、即、部隊に駆けつけ、身を挺して国に尽くす、強い覚悟を持っている。予備役自衛官の、国を守る精神的な強さは、他国の予備役と比較しても「強い」と思うが、いざ実戦となった場合、銃を持っての戦技は、かなり「低い」。五日間の招集訓練で、銃を使う戦闘訓練は、たった二日間だけ(うち一日が実弾射撃)。これでは敵が攻めてきた場合、一発も撃ち返せないうちに、やられてしまうだろう。

軍の強さとは、隊員個々の戦技の高さ、責任感、士気、勇猛心などの精神的な強さに加え、装備などの物理的な強さ、武器弾薬、補給などの兵站《へいたん》の充実、継戦能力、指揮系統の能力の高さ、そして民間の協力性などを総合的に見て判断される。

自衛隊の艦艇の総トン数、近代的な戦闘機の保有数、砲や戦車の保有数など、アジアでは最先端であることは間違いない。だが、国防予算は他国と比較して低く、兵員数が少ない。特に、弾薬の予算が年々減らされ、平成二八年度の予算は、前年度より一一二億円も減らされている。

「弾《たま》」がなければ、いくら優秀な武器でも、単なる鉄クズだ。戦場で戦う兵士にとって、弾薬の欠乏ほど恐ろしいことはない。昔、こんな川柳《せんりゅう》が流行《はや》ったことがある。

たまに撃つ 弾がないのが 玉にキズ

年々巨大化する中国軍や、激変する世界情勢を見るたびに、日本の国防はこれでいいのかと、虚しい気持ちに襲われる。

これからの隊員教育

最近、自殺する隊員が多いのが問題になっている。誰も自殺したい若者などいない。自衛官としてこの国を守りたいと、純粋な大きな夢を持って入隊した若者たちだ。そんな若者たちを、死にたいとまで追い込んだ理由を十分に分析し、自衛隊の体質改善を真剣にしていかなければならないだろう。

彼らに対し、日本を守る軍人として栄誉を与えなければならないし、誇りと自信を与える教育をしなければならない。間違っても、自衛隊の生活は無駄でつまらないと思うような環境を作ってはならないと思っている。

私は数年間、ある大学で客員教授として若者たちと語り合ってきた。ひ弱で優しい若者が多いことが気になった。生まれた時からエアコン付きの個室を与えられ、ゲームで遊び、携帯電話やパソコンを友とし、個人主義で育てられた今の世代の子供たちに、いきなり厳しい団体生活をさせると、それは、逃げ出すか自殺したくなる人間も出てくるだろう。だからこそ、つらさに耐え、自分を鍛えることの喜びを覚えるような自衛隊教育をしていかなければならない。強くたくましい人間は美しい、格好いい、と思わせる教育だ。

学校教育では、体罰やいじめは絶対に許されない。親や先生でさえトモダチ感覚の生徒たちも多い昨今である。そこへ、いきなり二四時間逃げられない集団生活に入り、さらに先輩との上下関係は絶対である。そんな環境の中にあって彼らを、国を愛し、自尊心と誇りと生きがいを持てるような自衛隊員に育てあげることが求められているのだ。それが、我が国の防衛の礎《いしずえ》となるのだから。

自衛官は、任務のためには命を捨てることを宣言している。人々はその死に対して涙し、讃え、感謝し、永遠に忘れないでいてくれる。任務や大義のために命を捨てることは「栄光」の死である。しかし、輝かしい将来ある若者を希望から絶望に、そして自殺にまで追い込んでは絶対にいけない。

どんなにか本人は、生きる意欲を断たれ、無念の思いに苦しんでいたことだろう。一人でも彼の悩み苦しみに気づき、寄り添い、解決してあげられなかったか、誠に残念である。

だから、間違っても自殺なんかさせてはならない。自殺は、この世から逃げる醜い行為である。せっかく大きな希望を抱き、入隊した若者の夢に応えられる、時代に合った教育体制を考えていかなければならない。ぜひとも、多くの若者に魅力ある自衛隊に改革していただきたいと思う。

自衛官は、国を守るという、素晴らしい使命を与えられていることに感謝し、自信を持って生きてほしい。日本人らしく、サムライらしく、凛々《りり》しく、そして叫べ――。

「前へ～進めっ！」

7 東日本大震災で活躍した自衛隊

写真だけの入隊式

二〇一一年、東日本を襲った大地震と津波で、おびただしい数の悲劇が発生し、一〇万人以上の自衛官が災害派遣に馳《は》せ参じた。

自衛官たちは死にもの狂いで救出活動を行い、たくさんの被災した人々を救い出した。がれきの下や水の中から、数多くの死者を発見して収容所に運び、水で遺体を洗い、無念さを共有しながら、安らかな旅立ちを祈った。

東北の三月の海は凍《こご》えるように冷たい。自衛官たちは雪の降る中、腰まで海水につかり、救助活動を黙々と続けた。隊員は何度も泣いた。作業のつらさからではなく、死者を見つけた悲しさからである。ランドセルを背負ったまま亡くなった子供を見つけ、その隊員は冷たい子供を抱きしめ、しばらく泣き続けた。

地雷を踏んで飛ばされたような、手足を失った遺体もあった。手をしっかりと握りあった、兄弟と思われる子供の遺体もあった。生きているが、ただ茫然と海を見ている男性もいた。亡霊のように、がれきの浜辺をさ迷い歩く老婆もいる。まさにここは、地獄絵図の世界だった。

海岸のほぼすべてが津波の被害を受けた宮城県の閖上《ゆりあげ》地区で、一人の中年男性が、がれきのあいだをうつむいて歩いていた。救助活動中の自衛官が尋ねた。

「誰かをお探しですか?」

「あっ、ご苦労さまです。このへんが私の家でした。家族ともども、すべてが流されてしまいました。私だけ、単身赴任で家におりませんでしたので無事でした」

「そうですか。それはお気の毒ですね。どなたがここに住んでいたのですか?」

「家内と、中学生の息子と、高校を卒業したばかりの娘です」

「そうですか。では一緒に探しましょう」

「いや、いいです。家族は自分で探します。娘は昨日、遺体で見つかりました」

そう言うなり男性は、ウッウッと泣き出した。自衛官も一緒に泣いた。男性は突然、自衛官の手を握って語り始めた。

「冷たい海で捜索を続ける自衛隊さんに感謝しています。実は、亡くなった娘の親友は、自衛隊が大好きで、規律正しい自衛官に憧れていました。彼女はこの春、入隊試験に合格し、航空自衛隊の教育隊に入る準備をしていたのです。家内からの電話によれば、娘は毎日、生き生きとして、この親友と連絡を取り合っていたそうです。それが二人とも……」

東日本大震災・救出活動中の陸上自衛隊（陸上自衛隊 Facebook より／以下同）

「そうなんですか。私たちはここで、かけがえのない仲間を失ったのですか。残念です。夕方、遺体安置所に行き、敬礼をさせてください」

自衛官は、上司にこのことを報告すると、宮城の地方協力本部に連絡した。本部の担当官は驚いて「そうですか、あの武山さんは亡くなったのですか。残念です。防府で教官や担当者が待っていたのに……」と言って電話を切った。

四月一四日、山口県の航空自衛隊防府基地で、新隊員の入隊式が厳《おごそ》かに行われた。そこには一枚の写真が飾られていた。震災で犠牲になった武山紗季さんのキリリとした顔写真である。新隊員の多くは、入隊予定だった仲間に向かって「天国から私たちを見守ってね、紗季ちゃん」とつぶやいた。

家族全員を失った父は、会社を辞め、今も一人で黙々と、妻と息子の遺体を探し続けている。

大川小学校での「般若心経」

東日本大震災が落ち着いたころ、私は震災ボランティアとして、福島県の西郷村にいた。果樹園や畑、住宅など、放射線で被曝《ひばく》した表土を安全な濃度になるまではぎ取り、袋に詰めて一カ所に集積するという仕事である。事業主は、株式会社JMSという、自衛隊OBによる会社である。したがって、ボランティアに馳せ参じた男たちは、全員が元自衛官である。とても実直で真面目な男たちだ。

二〇〇人ほどの隊員が、全国から結集した。福島原発事故から流れ出た放射能で汚染された土壌をはぎ取って一輪車で運び、フレコンという大きな袋に詰めるという、かなりきつい肉体労働だった。

東北の冬は厳しい。凍えるような寒風の日でも作業は続けられた。元一等陸士から元連隊長の大佐まで、皆が同じ仕事に専念していた。

似たような除染作業を、近隣の葛尾村などでも行っていた。ガイガー測定器で測りながら、放射能測定値が規定以下になるまでクワやシャベルで地表をはぎ取るというのは、とても根気のいる仕事だった。夜は、宿舎でテレビを見たり、田舎の自慢話をしたりして、ゆったりと過ごし、自衛隊と同じように夜一〇時ごろには就寝。日曜日は休みなので、近くの街に出て映画を観たり、ジョギングをしたりして英気を養った。

ある日曜日、私たちのグループのリーダー、渡邊勝壽さんの発案で、宮城県の海岸ぞいをドライブして、津波被害の大きかった場所に行こうということになった。そこで犠牲者を慰霊しようという計画である。グループ一〇名の全員が、それは素晴らしいことだ、ぜひやりましょうと賛成した。

二台の車に分乗して、まず石巻市の大川小学校に向かった。一一月下旬の寒い曇り空の下に、目指す大川小学校があった。深閑として誰もいない。近くには北上川がゆったりと流れている。

二階建て半円形のモダンな校舎だ。玄関棟は、空飛ぶ円盤のような珍しいデザイン。天井は高く、明るい光が教室内にたくさん差し込むように設計された、美しい校舎だった。一九八五年に開校したこの学校は、有名な北澤興一さんがデザインしたもので、北澤さんは、上智大学や立教大学などを手がけた建築家である。北澤さんの奥様が石巻市出身ということで、この大川小学校の設計に携わることになったとのこと。

屋外運動場のコンクリートの塀には、子供たちが描いた明るい絵が残されていた。校庭の裏は、小高い杉山になっている。子供たちをこの山に登らせれば、大半の子供の命は救われたのではないかと思うと、残念でならない。

地震が起き、子供たちは玄関近くの広場に集合した。津波が来るとの報告を受けた先生たちは、約二〇〇メートル先の、三本の道路が交差する三角広場に移動した。ここは標高約七メートルの高台で、学校を見下ろすことのできる最も安全な場所と、先生たちは思っていたようだ。

この大川小学校は、海から三・七キロも離れた釜谷《かまや》という集落にあり、もし地震が来ても、ここまでは津波が来るはずがないと誰もが思っていたらしい。

二〇一一年三月一一日、午後二時四六分、マグニチュード九・〇の巨大地震が発生。約九メートルの高さの津波が石巻市を襲ってきた。釜谷地区の住民や大川小学校にとって不幸なことは、津波は地上を駆け上ってくるだけでなく、すぐ横を流れる北上川を逆流してきたことだ。

海からと川からの二方向から来る高さ約九メートルの大津波に飲まれて、大川小学校の全生徒一〇八人中、七〇人が死亡。四人が行方不明。教職員一一人中、一〇人が死亡。釜谷地区の住民四九六人中一九三人が死亡するという大惨事となったのである。

ここに、香川県善通寺の陸上自衛隊一四旅団（団長、井上武陸将補）から約千人の隊員が派遣されて、がれきなどを片づけたり、行方不明になっている被災者を収容したりした。

私たち一〇名の元自衛官は、誰もいない静まりかえった学校に来て、ただならぬ冷たい霊気にしばし慄《おのの》いた。がれきはきれいに片づけられていたが、学校のすべての窓や扉が破壊され、津波の激しさを物語っていた。正面玄関の近くには祭壇と慰霊碑が設置され、たくさんの花やジュースなどが供《そな》えら

写真上から ①津波の被害に遭った大川小学校の校舎
②大川小学校に設けられた祭壇と慰霊碑
③ボランティアに駆け付けた元自衛官たち（左端が著者）

れていた。その横には真新しい石のお地蔵さんと母子像が建てられていて、周りには、子供たちへの供養の小さな風車がいくつか大地にさしてあった。

ここで子供たちが、雪の降る冷たい津波に飲まれて亡くなったのだ。さぞ苦しかっただろう。さぞ冷たかっただろう。お母さんに会いたかっただろう。

重苦しい悲しみと静謐《せいひつ》の中に、私たちは無口のまま、たたずんでいた。

リーダーの渡邊さん（大分出身、三佐）が「ここに並んで黙祷しましょう」と言ったので、私たちはお地蔵さんの前に一列に並んで、しばし子供たちの冥福を祈った。

黙祷が終わると、山田善政さん（秋田出身、一尉）が一歩前に出て「般若心経を唱えさせてください」と言って、朗々と読経を開始した。

私たちは、般若波羅蜜を聞きながら、人のいない暗い学校を見つめていた。山田さんが唱える般若心経と重なるように、何か子供たちの声が聞こえたような気がした。私たち全員が泣いた。北海道から来ている長谷見さんは、しゃがみこんで号泣しだした。

読経が終わって、全員が「あれっ」と小さな驚きを見た。五〜六個ある風車が、風もないのに一斉にカラカラと回って、すぐに止まったのだ。亡くなった子供たちが、私たちの訪問を喜んでくれたのかもしれない。そう思うと、滓《おり》のように心の中にわだかまる重い気持ちが、一気に霧消した。私たちは、元気な子供たちの純粋な魂が、生き生きとしてこの校庭にいることを感じた。肉体は死んでも、魂は滅びない。

その大川小学校でも奇跡的に生き残った生徒がいた。小学校一年生の「うみちゃん」が、災害派遣活動中のある自衛官に手渡した手紙には、覚えたての、たどたどしい文字でこう書かれていた。

「じえいたいさんへ。
げん気ですか。
つなみのせいで、大川小学校のわたしの、おともだちがみんな、しんでしまいました。
でも、じえいたいさんががんばってくれているので、わたしもがんばります。
日本をたすけてください。
いつもおうえんしています。
じえいたいさんありがとう。
うみより」

「日本を助けてください」――。一度は絶望の淵に立たされた七歳の少女は、その切実な思いを、自衛官たちに託したのである。(『東日本大震災秘録　自衛隊かく闘えり』井上和彦著、双葉社)

石巻市での「海ゆかば」

大川小学校での慰霊が終わって、私たちは石巻市街に移動した。
石巻市は、宮城県の中で二番目に大きな市である。世界三大漁場の一つが、この石巻市に続く三陸海岸の外海であり、昔から日本を代表する海産都市として発展してきた。大津波により、海岸ぞいに続く大小四四の漁港と、約二〇〇社の水産加工会社は全滅した。三二七七人の市民が死亡し、四一八人が行方不明になった。

がれきは、ほとんど片づけられており、あちこちに車や船などが、がれきと一緒に山のように集積されていた。港の建物はほとんど破壊され、コンクリートの基礎が墓石のように残されている。大きな銀行の建物がごろりとひっくり返ったままだ。二階建ての学校のような建物の屋根に、大きな漁船が乗っかっている。こうした無残な町並みが、原爆で破壊された広島の写真と重なって見えた。人口一六万二千人の大都市が、ごく短時間に消えてしまったのだ。

私たちは日和山《ひよりやま》という小高い丘の上に登った。そこにある小さな食堂で、消えてしまった町と、遠くに光る海を見ながら、カレーライスを食べた。皆、無口だった。

食堂のおばちゃんは、私たちが自衛隊のOBだと知ると、海を見下ろしながら災害派遣に来た自衛隊の活躍について語りはじめた。たくさんの被災者を助け出してくれただけでなく、水や食料を配布してくれた。大きなテントの簡易風呂まで用意してくれた。見つけた遺体を大切に運んで、線香まであげてくれたことなどを、感謝を込めて語ってくれた。おばちゃんには、親戚に若い陸上自衛官がいて、彼が体験したことを、海を見ながら静かに話してくれた。

自衛官の彼は、胸まで水につかりながら、がれきをかき分けて生存者を探し続けていた。倒壊しかけている一軒の住宅を覗《のぞ》くと、水の中にじっと座っている一人の老人を見つけた。仲間をすぐ呼んで、老人を救出した。老人は完全に弱りきっていた。彼はロープで老人を背中に縛り、ゆっくりと陸に向かった。老人は、背中にしがみつけないほど弱っていたので、何度かずり落ちた。

陸に着いて衛生隊に老人を引き渡した時、老人はすでに事切れていた。彼はへなへなと倒れ込みたかったが、ヘルメットを外し、亡くなった老人に深々と頭を下げて、四五度の敬礼をした（自衛隊では、帽子をかぶっている時は挙手の敬礼、帽子を取った時は軽く一〇度の敬礼、貴人や死者へは、深々と四五度の敬礼をする）。

それからおばちゃんは、海に向かって指をさし、こう言ったので私たちは驚いた。

「あのへんで自衛官が一人、亡くなったんだと。その人、何人も遺体を見つけて運んで来たんだげんど、疲れきって眠ってしまったんだと。水の中の、がれきさ座ってよぉ。仲間が見つけてボートで運んだげんど、その夜、亡くなってしまったんだと。持病を持ってたそうだげんど、人様を助けるのに必死で、我《わ》がごと考える暇ながったんだべ。かわいそうになぁ」

私たちは、おばちゃんに礼を言い、自衛官が亡くなった近くまで車を走らせて黙祷をした。

山田さんの般若心経のあと、渡邊さんの先導で、国のために亡くなった防人《さきもり》を讃える「海ゆかば」を合唱した。歌い始めると、声が震え、勝手に涙があふれ出た。

私たちは大川小学校で、亡くなった子供たちのために涙を流したが、ここでは、任務の途中で亡くなった自衛官のために涙を流したのだった。つらく悲しく、そして温かな涙だった。

「海ゆかば」は、万葉集で大伴家持が詠んだ防人の歌に、信時潔《のぶときききよし》が作曲した、厳かで美しい日本の歌曲である。自衛官や元軍人は、殉職した仲間や、先の大戦で戦死した日本兵を讃えて、この曲を歌うことが多い。

海ゆかば

海ゆかば 水漬《みづ》く屍《かばね》
山ゆかば草むす屍
大君《おおきみ》の辺《へ》にこそ死なめ
かえりみはせじ

8 災害派遣：世界一精強な自衛隊

このところ、自衛官による災害派遣が多い。ひとたび災害が起きると、自衛隊員が最前線に送り込まれ、被災地での救助活動を実行している。大半が、一般の人たちができないような厳しい救助作業を、泥にまみれてへたばるまで行い、夜は冷たい講堂などでそのまま眠り、翌日も朝早くから行動する。

二〇一九年度だけでも、自衛隊の災害派遣は四四九件にものぼる。派遣された隊員は延べ一〇六万人。私の住む千葉県を襲った台風一五号と一九号に対しても、自衛官の活躍は見事で、立ち上がる気力を失いかけた被災者たちに、大いに感謝、歓迎された。私も、勇気と体力ある戦闘服の若者たちが高い屋根の上にさっそうと登り、ブルーシートを敷いたり、膨大ながれきの撤去作業をしたりしている姿を、あちこちで見た。民間業者なら大金を払わなければならない危険な仕事を、無料で自衛官たちが、命がけでやってくれていたのだ。突然の災害に茫然自失となった被災者にとっては、まさに救世主が現れた思いだったろう。

二〇二〇年は世界中が、中国の武漢から発生した新型コロナに苦しめられた悲惨な年だった。特に日本は、国ぐるみで準備していた東京オリンピックが延期になってしまった。そんな中、クルーズ船「ダイヤモンド・プリンセス」内で集団感染が発生した際には、自衛隊の医官らが停泊している横浜に出向き、約二二〇〇人分のPCR検査の検体採取に協力して、集団感染の拡散を止めることをやってのけた。その後も、北海道の旭川や大阪などの病院で看護師が足りないということで、自衛隊の看護師が派遣された。以下は、ここ最近の主な災害派遣と、派遣された自衛官の、延べ人数である。

一九八五年　日航機墜落事故など　約六万人
一九九五年　阪神淡路大震災、地下鉄サリン事件など　約一五七万人
二〇〇四年　新潟県中越地震など　約一六万人
二〇一一年　東日本大震災など　約一〇七四万人
二〇一四年　御嶽山噴火など　約六万人
二〇一六年　熊本地震など　約八五万人
二〇一八年　西日本豪雨など　約一一九万人
二〇一九年　台風一五号、一九号など　約一〇六万人

大きな災害が発生した場合には、本来の訓練や演習を中止して、自衛官は現場に駆けつける。これ以外にも、救急患者移送とか、豚コレラや鳥インフルエンザなど病原菌を持った動物の駆除や消毒作業を行っている。この原稿を書いている令和二年一二月一八日、大雪で関越道が機能しなくなり、

東日本大震災・人命救助にあたる陸上自衛隊のヘリコプター（陸自FBより）

二千台以上の車が動けなくなった。早速、自衛隊が出動し、除雪作業と食料や飲みものなどの配布を行った。

こうした隊員たちの活躍を見ながら私は、もしかしたら日本のお役所は、自衛隊に頼めば何でもやってくれると、誤解しているのではないかと思うことがある。自衛隊は「何でも屋」ではない。自衛隊の主たる任務は国防であり、災害派遣は従である。年間計画によって訓練や演習が決められており、よほどの理由がない限り、こうした訓練計画は変更できない。

ただ、こうして自衛隊による素早い災害派遣と、懸命に働く隊員たちの姿を見て、国民の九割が自衛隊に好印象を持つようになった。読売新聞社とアメリカのギャラップ社が、令和二年一一月に実施した日米共同世論調査を見ると、信頼している国の組織や公共機関を一五項目から選んでもらった結果、アメリカは「軍隊」と「病院」が同数で一位。日本は「病院」が一位、「自衛隊」が二位だった（ちなみに東日本大震災以降、前年までは、「自衛隊」が九年連続で一位だった）。

自衛隊が日本国民に信頼され、好印象を持たれていることは嬉しいが、自衛隊は「便利屋」ではなく、国の守りが主たる任務であることを国民に分かってもらいたいものだ。

二〇一一年に起きた東日本大震災に派遣された約一〇万六千人の自衛官の活躍について、マスコミはあまり報道しなかったが、実に多くの自衛官が、何カ月も泥にまみれて、ひたすら救助活動を行った。過労で亡くなった隊員も多いと聞く。

東日本大震災の時、東北方面総監だった君塚栄治陸将は、統合任務部隊の指揮官として、陸海空自衛隊の指揮を執っていた。隊員たちと同じ戦闘服を着て、不眠不休に近い日々を過ごし、隊員たちを励ましていた。隊員たちは、総監の意をくんで頑張り、たくさんの人命を救った。その報告を聞くたびに、君塚陸将は明るい笑顔を見せたという。

「トモダチ作戦」に駆けつけた二万人のアメリカ海兵隊との打ち合わせも頻繁に行った。福島原発爆発事故に対する死にもの狂いの自衛隊の活動にも心を砕いていた。

君塚栄治陸将

自衛隊は約四カ月間の救助活動で、人命救助約二万人、遺体収容約一万人、医療支援約一・五万人をやってのけた。その他、膨大な量のがれきの片づけなども行った。

空挺《くうてい》レンジャー出身のサムライ陸将も、さすがに肉体がボロボロになっていたようだ。東日本大震災救助活動の任務を終えた君塚陸将は、第三三代陸幕長に昇進されたあと、二〇一三年に定年退官し、二〇一五年に肺がんで死去された。享年六三。

君塚陸将とともに過酷な救助活動を行った隊員の多くは、東日本大震災という凶悪な災害が、将軍の命を縮めたと思っている。

命がけの任務

平成二三年（二〇一一）三月一二日、一四日、一五日、恐ろしい事態が日本を襲った。全電源を喪失した福島第一原発の一号機、三号機、四号機が爆発して、炉心のメルトダウンを起こしたのだ。東京電力はパニック状態になっていた。

特に四号機は水素爆発が起こり、燃料貯蔵プールの屋根が吹き飛んでしまった。当時四号機は定期検査中で、燃料プールには一五三五本の核燃料が裸のまま保管されていた。プールの冷却水が干上がり、核燃料棒がむき出しになれば、大量の放射性物質が首都圏にまで飛散し、大惨事になる可能性があった。

何としても冷水をかけて放射能の飛散を食い止めなければならない。しかし、爆発して、がれきだらけの現場には、消防車が近づくことが難しい。道路の崩壊やひび割れもひどい。君塚たち高級幹部の決断は早かった。ヘリコプターによる上空からの放水だ。自衛隊にとっては、そんなに難しいことではない。ただし今回は、高濃度の放射性物質が吹きあがっている上空からの放水で、極めて危険なミッションだ。

東日本大震災・福島第１原発３号機に放水する陸上自衛隊の消防車（陸自FBより）

ヘリコプターの操縦室や乗員の乗る床には、鉛の板や特殊なシートを敷いて、放射能の侵入を遮断した。隊員には重い鉛入りの防護服を着せた。このミッションを実行する司令官は隊員に言った。

「放射性物質を閉じ込める重要な仕事だ。我が身を捨てる覚悟でやろう」

全員が「はい」と大きな声で答えた。そのあと、小さなもめごとが起きた。

「隊長、○○曹長は結婚したばかりです。自分は独身ですから自分が行きます」

「いや、大丈夫だ。自分は結婚する時、カミさんに、こういうこともあるので覚悟してもらいたいと言ってあるので問題ない。隊長、計画通り自分が行きます」

このような会話が何度か行われ、隊長を感動させた。

隊員たちは身を捨てる悲壮な覚悟で原発に向かおうとしている。数度にわたる、ヘリコプターによる放水を行ったが、放射線濃度があまりにも高いので中止になった。

地上からの放水が一番確実だということで、消防車が現場に到着できるよう、自衛隊は戦車を投入して、がれきの片づけを始めた。七四式戦車の中は、ハッチを閉めると相当に暑い。だが、外の状況を見るのには潜望鏡を使うしかない。それでも、日ごろの訓練がものをいい、がれき除去作業は急ピッチで進み、消防車が次々と現場に入ってきた。消防庁からハイパーレスキュー隊もやってきて、高所からの放水が始まった。こうして、核燃料の冷却作業は、ほぼ成功した。

福島原発事故による首都圏への被曝を防ぐため、自衛隊は命がけで行動していたのである。だが彼らは、決して自分のやったことを自慢しない。本当の勇者は自分のことを語らないのだ。海上保安庁には「海猿《うみざる》」という特殊部隊がある。自衛隊には「言《い》わ猿《ざる》」という勇者が多い。

数々の災害派遣において、身を捨てて行動する自衛隊を見るかぎり、「自衛隊は世界一強い軍隊」だと私には思える。

9　ある予備自衛官の結婚式で

日本の予備自衛官は数こそ少ないが、愛国心と国防意識はたいそう強く、実直な人が大半である。職業は千差万別。普通の会社員、公務員、教員、大学生、俳優、運転手、警備員、土木作業員、農業、酪農業、調理師、プログラマー、中小企業の経営者、中には市会議員やパイロット、大学教授や医者もいる。異色は、フランス外人部隊に数年いて実戦を体験してきた強者《つわもの》もいる。こういった人たちが一年に一度、部隊に集まり、寝食を共にして、同じ訓練をしてきたのである。愛国心に燃えて汗を流し、国を守る武士《もののふ》としての精神の高揚を、この短い訓練期間に少なからず体験することになる。

国のために命を捧げるという覚悟を持った人間は、純粋で心優しい。

T陸士長は、北海道東部の貧しい家庭の出身で、中学を出てから地元の小さな建設会社の作業員をやっていた。年老いた両親には、毎月給料の一部を、生活の足しにと渡していた。

一八歳になった時、故郷の夏祭りに、中学の先輩が自衛官の制服を着て帰省した。ピカピカに磨かれた靴が眩《まぶ》しかった。Tが「先輩、格好いいね」と言うと、その先輩は姿勢を正して真っすぐにTの目を見つめ、ビシッと挙手の敬礼をした。Tは、その隙のない体と、男らしい、陽に焼けた顔つきに、思わず見ほれた。そして先輩のまねをして挙手の敬礼をした。

「T君よ。君も自衛隊に入れ。厳しいことが多いけど、勉強になるぞ。衣食住がタダだから、貯金ができて、両親を助けることができるはずだ」

「先輩。俺、中卒だけど、自衛隊は雇ってくれますかね」

「もちろん大丈夫だ。君ならやれる」

数カ月後、Tは自衛官になった。六カ月間の基本教育が終わると、関東の普通科連隊に配属された。真面目で元気がよかったので、四年で陸士長に昇進した。

そんな時、父親が亡くなった。病弱の母親は収入がなく、ぼろ屋に置いておけない。まだ四歳の妹もいる。Tは、やむなく大好きな自衛隊を辞め、地元の小さな会社に勤めながら、母親と妹の面倒を見ることになった。でも、気に入っている自衛隊と縁を切りたくないので、予備自衛官に登録して、年に一度、五日間の招集訓練に参加していた。その母も肺炎で亡くなった。Tが勤めていた会社には若い女性の事務員がいて、Tの環境を気の毒に思い、何かと世話をしてくれるようになった。

数年後、二人は結婚した。お金がないので結婚式を挙げることはできなかった。Tの小さな妹は、新しい家族に馴染み、明るく闊達に育った。その後Tは、予備自衛官の仲間の紹介で、給料が少しだけ高い埼玉の会社に移った。自分たちの男の子も授かった。一年に一度ある予備自衛官の出頭訓練にも、妻と妹は快く「いってらっしゃい」と送り出してくれた。

ある時、妻が一度自衛隊を見てみたいと言ったので、埼玉県の朝霞にある自衛隊広報センターに、妻と妹を連れて行った。「あなたはこんな所で訓練をしていたのね。皆きびきびしていて素敵ね」と言うので、「そうだよ。ここは男の汗と涙が流れている、俺の大事な庭だ」と答えた。そして売店に入った。店には、自衛官が身に着ける装備や戦闘服などが、おびただしく並んでいた。

「俺、自前の戦闘服と半長靴が欲しいのだけど、無理だよな。実は、毎年出頭すると、必ず戦闘服を貸与されるんだ。それに階級章を針と糸で縫い付けるのが、なかなか大変なんだよ。それに、服が体に合わないとか、靴がきつすぎるとか、出頭日は大変なんだ。もし、日本に何か問題が起き、招集を受けて出頭しても、最初の仕事である衣服の受領と階級章の縫い付けに、随分と時間がかかるんだ」

「一刻を争う非常時に、そんなことに時間を費やしていいのかしら」

「よくないよ。だから多くの予備自衛官は、自分のお金で戦闘服や半長靴を買い揃え、それを持参して出頭しているんだ」

「あなたも、自分で揃えたらいいでしょう。服のサイズはLで、靴のサイズは二五・五ね」

「そうしたいけど、無理だよ。値段を見てみろ。服と靴で三万円もするんだよ。我慢、我慢」

そんな会話をしてから帰宅した。貧しいけれど平穏な日々が続き、一〇年が経った。

涙の結婚式

Tは、家計を助けるためパートで働いている妻に、少し家計が楽になってきたこともあり、感謝の気持ちを捧げたいと考えていた。ある夜、Tはこう告げた。「お前は今まで本当によくやってきてくれて、感謝しているよ。俺たちは貧しくて上の学校には行けなかったけど、子供には良い教育をさせような。それまで、もう少し頑張ろう。毎年、俺の身勝手で、予備自衛官の訓練に行かせてくれてありがとう。俺はお前に、どうしてもプレゼントしたいものがある。受け取ってくれるか」

「えっ、急に何？　何をくれるの？」

「あのな、前々から気にしていたんだけど、俺たち貧乏だったから結婚式を挙げなかったよな。そのことを、お前にいつも申しわけないと思っていたんだ。それで、お前に小さな結婚式をプレゼントしたいんだ。俺の心からのプレゼントだ。受け取ってくれ」

妻は「えっ！」と言ったとたん、ワ～と泣き出して「ありがとう、ありがとう」と言って抱きついてきた。Tは、少しやつれた可愛い顔を見つめ、素晴らしい女性を与えてくれた天の采配に感謝した。

式の前日、妻は大きな紙包みを差し出した。「これ、私がパートで少しずつ貯めたお金で買ったの。前々からあなたが欲しいと言ってたものよ。開けてみて」紙包みを開けると、なんと新品の自衛隊の戦闘服と半長靴が現れた。戦闘服の胸にはTの名前まで刺繍されている。「お～。これはすごい！　ここまで気を使ってくれたのか。申しわけないな。ありがとう。心から感謝するよ」

「喜んでくれて嬉しいわ。あなたを驚かせるために、先月、朝霞に行って買ってきたの。式の途中のお色直しの時、あなたはこの戦闘服を着てくださいい。いい？」

「もちろんだよ。会社の社長や予備自衛官の仲間は驚くだろうな。本当にありがとう」

結婚式当日、身近な仲間と親族二〇人ほどの小さな結婚式が始まった。勤めている会社の社長も来てくれた。予備自衛官の仲間も五人ほど参列している。年に一度の招集で知り合いになった私も、出席させてもらった。初めてウェディングドレスを着た妻は、美しく気品に満ちていて、Tを喜ばせた。年ごろになった妹は、初めて化粧をして、うきうきと受付をしている。

いよいよお色直しとなり、Tは真新しい戦闘服と半長靴に着替えて、さっそうと現れ、挙手の敬礼をした。参列者は全員「お〜」と驚き、立ち上がって拍手をしてくれた。こうした明るくて楽しい結婚式の最後に、また予期せぬことが起こった。予備自衛官の仲間が次々とスピーチをした後、一人の軍曹がTに向かって挙手の敬礼をし、小さな封筒を渡した。その中には、台湾への旅行券が入っていた。

「今まで二人は苦労して、真面目にここまでやってきました。生活が大変なのに、T君は毎年必ず予備自衛官の訓練に参加してくれています。本当に誇らしい、立派な日本人です。ぜひ、四日間の台湾への新婚旅行を楽しんできてください。その間、お子様の面倒は、われわれが見ますので、安心して行ってください。T君の社長様、どうか四日間の特別休暇を与えてやってください……」

Tと妻は、人目もはばからず肩を震わせて泣いてしまった。社長も参列者の皆も泣いた。外は冷たい霙《みぞれ》が降っているが、この小さな結婚式の会場は、暖かな春の陽気に包まれていた。予備自衛官には、このような人情あふれる人間が多い。

自衛隊員には、貧しい家庭出身の者が多く、中学しか出てない隊員も多い。小さい時から働き、ぜいたくなどできない環境に育ったので、厳しさに耐える真面目な隊員が多い。私自身も極貧の家庭の出身で、小学生のころ家庭を助けるために納豆売りをやった経験がある。一度もランドセルを背負ったことはないが、貧しさを恨んだことはない。

10　今も続く悔しい思い

われわれ自衛官は、真面目に国のために勤務し、訓練をしているが、相変わらず色眼鏡《いろめがね》で見たり、反感を持ったりする日本人が多い。災害派遣でくたくたになって人命救助などの任務をしていても、感謝するどころか邪魔する者さえいる。

阪神淡路大震災の際、自衛官が被災者に食事を配っている時に、信じられないような言動で邪魔をした日本社会党（現在の社民党）の国会議員がいた。日本社会党は、昔から、自衛隊と日米安保協定に反対している政党である。

「皆さーん、憲法違反の自衛隊から食事を受け取らないでくださーい」と叫ぶ女性がいた。地元大阪出身の辻元清美議員である。現在は立憲民主党の重鎮だ。

日ごろから闊達で、口の達者な女性だが、この言葉はいただけない。だが、空腹の被災者たちは、彼女の演説を聞き流して自衛官から食事を受け取っていた。当の自衛官たちは、温かい食事を被災者に与え、自分たちは冷たい缶詰のご飯を食べている。彼らは、じっと我慢して任務を続行した。

この国会議員は、前科一犯ながら、今も野党の口うるさい議員として、関西弁で反戦平和を叫び続けている。

沖縄が日本に返還され、自衛隊の基地ができた時、家族を連れて自衛官が沖縄に赴任した。子供を小学校へ入学させようとしたら、沖縄日教組が驚くような行動に出た。自衛官の子供の入学を許可しなかったのだ。左翼はことあるごとに、差別反対と叫び続けているが、これこそひどい差別ではないか。子供には教育の義務がある。

二〇一五年一〇月には、沖縄県豊見城《とみぐすく》市の豊崎小学校で、九歳になる四年生の自衛官の子供が、首をつって自殺した。教師が、自分のクラスにいたこの生徒に「お前は人殺しの子だ」と、みんなの前で言ったのだ。その子は、「人殺しの子」と皆からいじめを受け、ついに自殺した。このようないじめの事例は、結構あったと聞く。自衛官たちは、このようなあからさまな差別に耐えてきたのだ。

陸上自衛隊の新隊員の教育の一部に、四〇キロの行軍がある。新隊員の大半が、一八歳から一九歳の少年である。夕刻、ようやくヘロヘロになって部隊にたどり着く寸前、道路の両側に待ち受けていたのは、左翼の一団。「自衛隊反対！　自衛隊はこの町から出ていけ！」とシュプレヒコール。少年たちは、四〇キロを歩き通した喜びの涙でなく、悔し涙を流した（実は、悔し涙を流した少年の一人は私です。いま思い出しても腹が立つ！）。

二〇二〇年にも、同じようなことがあった。陸上自衛隊で最も過酷なレンジャー訓練において、隊員たちが死にもの狂いの訓練を終え、重装備のまま最後の力を振り絞って部隊にたどり着く。「レンジャー、レンジャー、レンジャー」と叫びながら――。全身がプールに飛び込んだように汗で濡れている。何人かは、ほとんど意識がない。それをバディ（仲間）が支えている。隊内では、隊員たちが一列になって「よくやった」と拍手で迎えてくれる。

陸自のレンジャー訓練は半端ではない。気力、体力、戦技に優れた男たちが、選ばれて訓練に参加する。普通科部隊の挺身行動をとる特殊作戦を命ぜられることが多い。二カ月半の厳しい訓練を終えると、体つきが締まり、人相が変わる。「飯は食うものと思うな、道は歩くものと思うな、夜は寝るものと思うな、休みはあるものと思うな、教官・助教は神様と思え」である。

彼らは、飢えと渇きに堪えつつ、重さ四〇キロ以上の装備を背負い、不眠不休に近い状態で訓練をこなしていく。何割かの隊員は、ケガをしたりギブアップ（脱落）したりする。

そのような過酷な訓練を完遂してはじめて、隊員は、輝かしいダイヤモンドと月桂樹の「レンジャー徽章」を胸に付けることができるのだ。

そんな彼らが、死にもの狂いで訓練をやり遂げて、最後の力を振り絞り、「レンジャー、レンジャー」と声を上げながら、仲間が待ち受ける部隊に到着する。しかし、部隊の手前で待ち受けていたのは、横断幕を掲げた日本人の一団である。そこには、「街なかでの訓練をやめろ」と書かれている。

意識がもうろうとしているレンジャー訓練の男たちは、彼らに殴りかかりたい気持ちを抑えて部隊に入り、仲間からの祝福を受ける。

厳しい訓練に耐えた男たちは、反戦を叫ぶ日本人に対しても、じっと耐えなければならなかった。日本が大きな災害や危機に直面した場合、自衛官は、このような反戦平和に身をやつす国民をも、守らなければならないのだ。

われわれ予備自衛官にも、悔しい思いをした者が多い。

ある中学教員の予備自衛官は、教育に差しさわりのない時期に、五日間の訓練に参加するため、同じ公務員の訓練だから公務で休ませてくださいと教育委員会に申請したが、不許可になった。

「国の防衛のための訓練は公務とは言えない。どうしても行くなら、年休をとって行け」と、教育委員会は冷たく言い放った。

春になり、防衛省から教育訓練出頭命令書が届くと、一般社会で普通の生活をしている予備自衛官はソワソワし始める。年に一度の仲間との再会や実弾射撃など、訓練は楽しみだが、この五日間の休みをどうして取るか、あれこれ考えなければならない。会社によっては、快く訓練に行くことを許可してくれるが、大半は渋い顔をし、中には許可してくれない所もある。

「予備自衛官か……。分かるけど、わが社はね、ぎりぎりの人数でやっているから、五日間も休まれては困るよ」と言って不許可になるのだ。やむなく、二日と三日の分割参加を取るものも多い。

中にはもっとひどい会社がある。その会社は中堅の、名の通った大手の下請け会社だが、二代目の社長は、学生運動をやっていた元左翼。日教組に教育され、朝日新聞を読み、NHKを観て育った、典型的な苦労知らずのボンボンである。

「予備自衛官？　君はそんな団体に入っているのか。戦争をするための予備自衛官を辞めるか、当社を辞めるか、自分で決めなさい」

予備自衛官制度を、新興のカルト教団か何かと勘違いしているようだった。

それからこの社長は、「日本は平和憲法を持った国で、いっさいの戦争はできないんだよ」と言って、とうとうと平和論を語ったという。だが、こういう人間にかぎって、災害などが発生した場合、「自衛隊の出動は遅すぎる」などと批判する、おかしな連中だ。その予備自衛官は結局、辞表を出して、その会社を去った。現在、求職中だ。

このようなパターンは、かなり多い。戦争を体験し、戦後に身を削って会社を立ち上げた先代社長のほとんどは亡くなり、二代目三代目が社長や専務をやっている。彼らは平和に慣れきっており、国防などあまり気にしない人が多い。彼らの大半は、結構いい大学を卒業しているわりに、国の安全や危機管理に無頓着だ。日本の学校で国防の重要性について教える教員は、ほとんどいない。

予備自衛官にとっては、毎年の予備役招集訓練に参加するのも大変なことなのである。

11　湾岸戦争の苦い思い出

一九九〇年に勃発した湾岸戦争は、平和をむさぼる日本にとって、青天の霹靂《へきれき》とも言える大事件であった。同年八月二日、突如、イラク軍はクウェートに侵攻、世界中を驚愕させた。オイルマネーで、ぜいたく三昧《ざんまい》、自国の防衛にあまり力を入れていなかったクウェート王室と政府の高官、市民たちは、慌てふためいて隣国のサウジアラビアなどに逃げ去った。

クウェートは、一万七八一八平方キロ（四国ほどの大きさ）の、砂漠の国である。夏は猛暑だが、豊かな産油国である。人口は約四二〇万人（クウェート人は九〇万人で、他は外国からの出稼ぎ）。

イラク軍の侵攻当時、クウェートには約四〇〇人の日本人が駐在していたが、比較的冷静に行動し、自宅やホテル、日本大使館などで、静かに成り行きを見守っていた。

実は、イラクに不穏な動きがあることは、一カ月ほど前から、日本の商社員や石油関連の技師、日本大使館などが把握していた。

侵攻の約半月前の七月一七日、第二二回イラク革命記念日の式典で当時のフセイン大統領は、「一部の

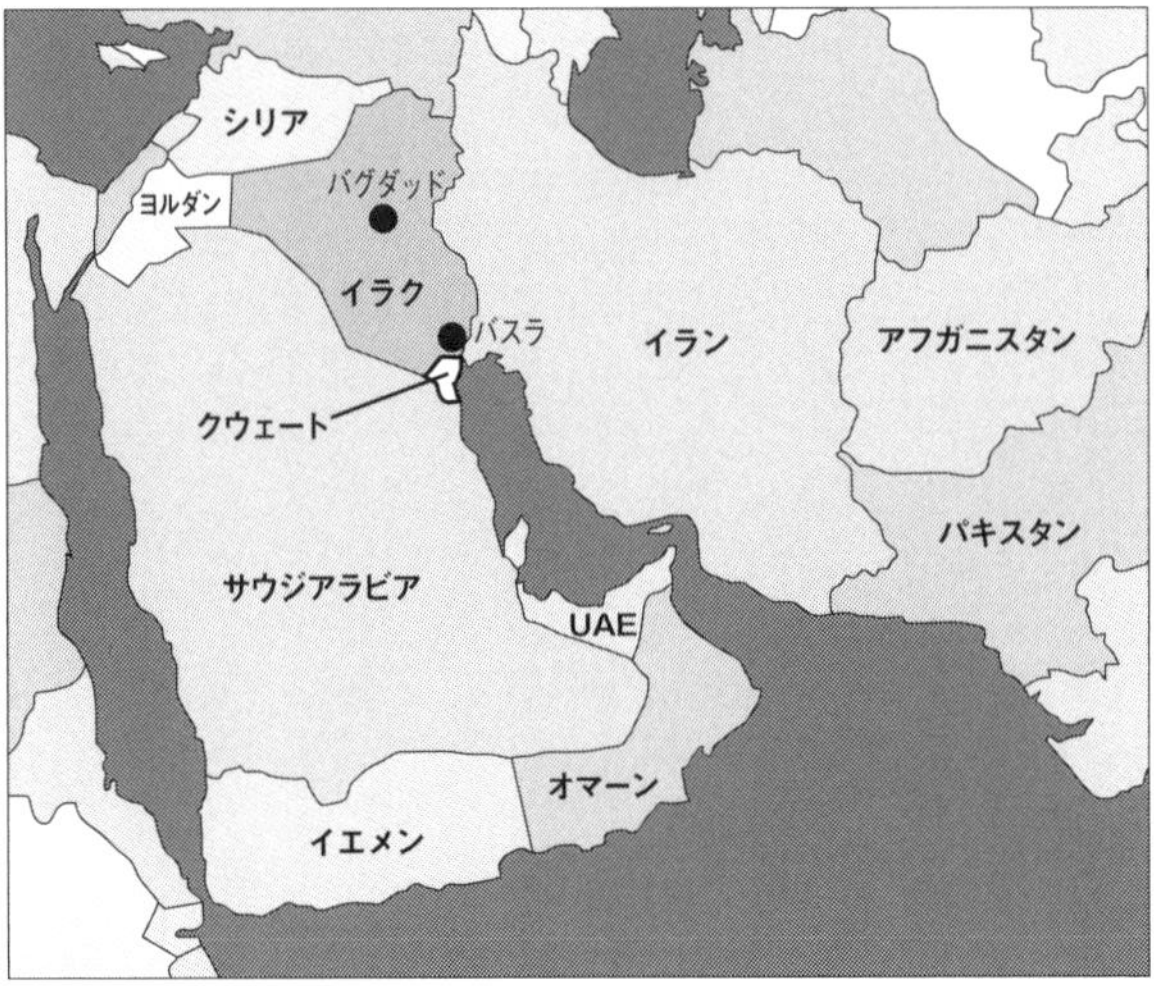

湾岸戦争の周辺諸国

湾岸諸国は不当に石油価格を引き下げ、イラクに一四〇億ドルもの損失をもたらしている」と演説してクウェートとＵＡＥ（アラブ首長国連邦）を非難。翌日には、クウェートがイラクのルメイラ油田を盗掘していると発表した。ルメイラ油田は、イラクとクウェートの国境地帯にある、世界一〇指の埋蔵量を誇る大油田地帯である。

　イラクは、石油価格の高値決着を求めて約三万の軍隊をクウェート国境に集結させ、まもなく始まるＯＰＥＣ（石油輸出国機構）の総会に圧力をかけた。そして、いつものように、アラブ諸国の足並みはそろわず、紛糾していた。

　これに対し、性善説の平和主義にとらわれている日本人関係者と日本大使館は、「少しきな臭いな。それでも、アラブ同士での侵攻、攻撃はないだろう」という、従来と同じ見方をしていた。ところが、平和を信じてやまない日本人の期待を裏切ってイラクはクウェートに侵攻、一気に占領してしまったのだ。

　同じ年の一一月、アメリカのクエール副大統領が、平成の即位の礼に参列するために来日した。当時の海部《かいふ》俊樹総理と会談した際に、クエール氏は強い調子でこう述べた。

「湾岸危機に対する日本の目に見えるプレゼンス（存在感）がない。今後どうされるつもりか？」

海部総理は苦りきった顔でこう答えた。

「お金の面だけでなく、ヒトの面でも、汗を流す貢献策について議論しましたが、野党の反対で法案は成立しませんでした。今後はどのような形で国際貢献できるか、検討してまいります」

クエール氏は、のらりくらりとした海部総理の日ごろの言動を知っているので、こう強く述べた。

「プレゼンスが見られない国は、他国からいい目で見られない。いつものことだが、日本にとって大切な石油を守るため、日本の若者ではなく、米国の若者が犠牲を強《し》いられる可能性がある」

このような会話が行われても、日本は何のアクションも取らず、金だけで解決しようとした。その結果、国際社会から「小切手外交」「Too Little, Too Late（少なすぎ、遅すぎ）」などと批判されたのである。

多国籍軍が動く

イラクがクウェートを占領してまもなく、イラクはクウェートを併合し、一九番目の州にすることを宣言。同時に、クウェートとサウジアラビアの国境に一七万人の軍隊を集結させ、中東全体で緊張が高まった。国連安保理と全世界は、イラクの軍事行動を一斉に非難し、サウジアラビアは国境防衛のために、アメリカ軍の駐留を認めた。

イラク軍は、アメリカ軍などとの戦争に備え、虎の子の中距離ミサイル、アル・アパスの発射準備に入った。到達範囲は八五〇キロメートル。イラクのミサイル基地があるバスラからＵＡＥの西部まで十分に届く。

クウェートにある日本大使館には二七〇人もの日本人が詰めかけ、地下室は臨時の避難所になっていた。外では銃声や砲声が響き、イラク兵による略奪が繰り広げられている。クウェート在住の外国人労働者は難民となって砂漠や隣国に避難し、大混乱となった。

こうした中、突然イラクの占領軍は、クウェート日本大使館の閉鎖を命じ、避難している全員のイラク国への移動を命じた。この時点で、ようやくアメリカ軍が介入する大きな戦争になることに気づいた日本人たちは、粛々とイラクへ移動した。

一九九一年一月、米英軍がイラクのバグダッドを空襲。クウェートのカフジ油田で攻防戦が始まり、米兵一二名戦死。二月、国連決議による多国籍軍がクウェートに派遣され、本格的な戦争が開始された。この多国籍軍は、アメリカ主導の三七カ国からなる連合軍で、もちろん、日本からは一兵も参加していない。

連合軍は一気に、クウェートに展開するイラク軍を陸と空から攻撃した。「砂漠の嵐作戦」「砂漠の盾《たて》作戦」「砂漠の剣作戦」である。

こうした事態に日本国内は大騒ぎ。当時の海部総理や政府、マスコミ、外務省や防衛庁もオロオロするだけで、他国には絶対に見せることのできない、愚《おろ》かしい姿を見せていた。そして誰ひとり、自衛隊を多国籍軍に送ることを提案しなかった。

日本は、石油の約八五パーセント（約三〇〇万バーレル）を中東に依存し、イラクとクウェートからは全体の一二パーセント、五五万バーレル（約一億リットル）の石油を毎日輸入している。日本は、軍隊を派遣する代わりに、最終的に一三五億ドル（約一兆八千億円）の戦費を拠出した。世界の平和を乱すイラクを懲罰するために、三七カ国もの国が兵員を出しているというのに、日本はカネを出すだけで何もしないのかという声が、世界から聞こえてきた。

予備自衛官が動く

「このままでは世界に恥をさらすことになる。日本にも何かできるはず」と、東京地本に属する予備自衛官たちは動いた。現役の自衛官は憲法上の規制があるので戦場に行くことは困難だが、民間人である予備自衛官がクウェートに行き、後方支援や難民キャンプの設営、食料や水の運搬ぐらいはできるだろうという話し合いを秘密裡に行った。

クウェートの戦場から、難民は約三〇〇万人も出ており、日本人も二〇〇人が人質になっている。これを放っておくわけにはいかない。私は、予備自衛官の仲間たちに「行動しよう」という呼びかけを始めた。

日ごろから尊敬する曽山友滋一尉以下、六四名の予備自衛官が「参加します」と署名してくれた。

その後、外務省の赤尾信敏国連局長に面会し、後方支援をやらせてくださいと言ったところ、「その通り、日本からも人間を出す必要がある。今のところ、ＪＩＣＡ（海外協力隊）で仕事をしたことがある人の派遣を考えている。残念ですが、防衛庁さんは人間を出すことに、あまり乗り気でないようですね」という返事だった。だが結局、日本政府は一人も日本人を派遣することがなかった。

そこで、クウェートでの後方支援に同意してくれた三曹教同期の杉山君と私は、すぐアメリカのアリゾナ州に飛んだ。スカッツデールという砂漠の中の高級リゾート地に、元三曹（空挺三五期）の三好君がいる。豪勇の彼が参加してくれれば百人力だ。彼の周りには屈強なアメリカの元軍人が多い。必要ならば、彼らの力を借りよう。短い滞在中、多くの人と会い、かなりの自信を得ることができた。

帰国した私の所に、アメリカの雑誌社から取材したいとの申し入れがあったが、もう少し待ってほしいと言って断った。

一方、われわれ予備自衛官の動きを察した防衛庁（現在は防衛省）は、クウェートへの人的貢献に反対し、嫌がらせを始めた。自衛隊を海外に派遣したくない、自衛隊を戦場に送ることなど一度も考えたこともなかった防衛庁が、われわれの派遣を許可するわけがなかった。例によって、「もし派遣した予備自衛官に死者が出たら誰が責任を取るのか」という意見が出たらしい。

われわれ予備自衛官は、そんなことは十分に分かっていた。自己保身が重要な現役の幹部自衛官と違って、予備自衛官の中から何人かケガをしたり犠牲者が出たりすることも覚悟していた。

日本政府が動かなければ、民間から金を集めてでも、一〇名ほどの予備自衛官を派遣したいと思っていた。金だけ出して、一人の人間も出さないというのでは、日本の威信と尊厳に傷がつき、世界の笑いものになることが目に見えていたからである。それでも、現役の自衛官は執拗に邪魔をしてきた。

予備自衛官の仲間に、木本たちと接触してはダメだ、中東に行くことは不可能だ、と触れ回り、潰しに

湾岸戦争

日本の責務を果せ

決起予備自衛官が意見書

意見書全文

予備自衛官64人が決起

中東へ独自部隊派遣へ

当時の様子を伝える新聞記事（顔写真は著者）

かかってきた。

私個人は、一〇年以上にわたって中東や北アフリカに駐在した経験があり、英語とアラビア語もある程度できるので、このミッションには自信があった。

われわれの所に、アメリカから世界の情報が流れてくるようになった。アメリカの空母が六隻、まもなくペルシャ湾に入るとか、アメリカ各州の予備役に招集がかかったとか、モロッコとカタールの陸軍も動いたとか、スイスが医療部隊を送ったとか。こうした慌ただしい動きに、われわれは興奮していた。

そんなある日、東京地方連絡部（当時）の予備自衛官班長である現役の三佐が、何人かの部下を連れて私の仕事場にやってきた。当時、私は日本武道館の天井を改修する工事の現場監督をやっていた。この予備自衛官班長の三佐は、ひどく青い顔をしていた。私は、同行している隊員の中に、われわれのクウェート派遣に同意しますとサインした男がいることに驚いた。

三佐は、私の顔を見るなり、こう切り出した。「何てことをやろうとしてるんだ、君らは。私は来年定年なのに……」

そして、「こういうことは、君ら陸曹のやることではない」「六四人の署名した名簿を見せろ」などと一方的に言ってきた。だが、私は無理に笑顔を作って、それを聞き流した。そして短く答えた。

「わざわざお越しいただき、ご苦労様です。大切な仲間の名簿は絶対に見せません」

すると、三佐に同行している、名簿に署名したベテラン予備自衛官が口を開いた。

「あんたのやることは無謀だ。名簿から俺の名前を消してくれ。あんたが本気なのは分かるが、マスコミの記事になるのはごめんだ」

「分かりました。あなたの名前を外します。僕は仕事中なので現場に戻ります。失礼」

こうして、短い会見は終わった。

それにしても、この現役自衛官は何を考えているんだろう。来年定年だから、余計なことをするなだと?（中東で戦争が起こり、世界中から軍人が平和のために馳せ参じ、日本人が二〇〇人も人質になっているのに……）

こんなことは君ら陸曹のやることではないだと？（あんたがた幹部が何もしないから、俺たち陸曹が動いているんじゃないか……）

その月から、私の銀行口座には月四千円の予備自衛官手当が振り込まれなくなった。春になれば、一年間の予備役招集訓練の予定表が郵送されてきて、仲間たちと連絡を取り合って出頭日を決めるのだが、私には送られてこなかった。要するに私と数名の予備自衛官は、防衛庁をクビになったのだ。

だが、納得がいかないので、私は東京地連に電話して、なぜ招集訓練予定表を送ってこないのかと聞いてみた。「自分は何か犯罪を犯してクビになったのですか？　それなら、その理由書を送っていただけますか」

地連の担当者は、もぞもぞと言いわけをするだけで、何を言っているのか不明。そこで私はこう言った。「分かりました。近日、檜町《ひのきちょう》（防衛庁本部）に行って確認します。自分の自衛隊解雇について、日本とアメリカのマスコミがそちらに伺うと思いますので、適切な説明をしてください。いいですね」

自衛隊東京地連本部の慌てようが手に取るように目に浮かんだ。

翌日、速達で訓練予定表が送られてきた。いったんクビになった私は、予備自衛官に戻されたのだ。それにしても、制服の自衛官の一部はすっかり官僚化してしまい、余計なことはしたくない、余計なことに巻き込まれたくないという保身意識が強く働いていることが明白になった。自衛隊幹部にとっては、今も昔も、事故を起こさず平凡に日々を過ごすことが出世の近道なのだ。

湾岸戦争は当初、三〜四カ月ほど続くと見積もられていた。かなりの犠牲も覚悟していたので、米軍は一万六千個もの遺体収容袋を用意していたという。だが戦争は、たった一〇〇時間で終息した。そのため、日本が供出した一三五億ドルのうち、約三〇億ドルが余った。

結果は多国籍軍の圧勝。予備自衛官の派遣も不要になった。しかし、「自衛隊は海外で人的貢献をすべき」というわれわれの意見は、中央省庁やマスコミに確実に伝わっていた。だからこそ、湾岸戦争が終わるとともに、自衛隊はペルシャ湾で掃海活動を行うことになり、その後はＰＫＯ法案（国連平和維持活動）も成立し、世界各国で活動ができるようになった。

われわれ予備自衛官によるクウェート派遣の動きは無駄ではなかった、自衛隊の海外活動が開始された一つの先駆けとなった、と自負している。

日本の名前がない

さて、話は少しさかのぼる。クウェートの砂漠での戦闘が本格化すると、何もしない日本政府に対してアメリカは、当初の四〇億ドルに加えて九〇億ドル（約一兆二千億円）の戦費を払えと言ってきた。空撮された写真を見せ、ペルシャ湾に浮かぶたくさんの日本のタンカーを指さし、これらの船をわれわれが守っているのだ、と強い口調で迫った。そしてこう言った。

「Show the flag（国家の存在を示せ）」
「Boots on the ground（部隊を出せ）」

だが日本には、戦うことを否定している憲法があり、国民やマスコミにも強い反戦意識があるため、自衛隊の派遣は難しい。その代わりということで、九〇億ドルの追加の戦費を支払うことを飲んだ。すると今度は、為替《かわせ》レートが変わったから、あと五億ドルを払えと言ってきた。当時の海部総理は、こうしたアメリカの要望にすべて従い、世界を驚かせた。日本という国は、ちょっと脅かすと、すぐに大金を払う国、というイメージを、世界に植えつけてしまったのだ。

それだけにとどまらない。日本は、さらに世界からの失笑を買った。社会党などの野党が、この

2

「自衛隊機を飛ばせ」

小沢幹事長が海部総理を怒鳴りあげた

しぶる総理らに圧力をかけた自民党幹部のハラ。一方、予備自衛官65名が「現役が行かないなら俺たちが湾岸戦争の支援に」と

戦闘以外なら何でもできる

木本氏とともに、命令があれば湾岸で貢献したいという曽山友滋氏

予備自衛官による湾岸支援を主張する木本恩氏

雑誌の記事にもなった（週刊テーミス 1991年1月30日号／写真右が著者）

九五億ドルの追加戦費に対して、「武器弾薬に使ってはならない」と言い始めたのだ。

このニュースを聞いたわれわれ予備自衛官の同志数名は、日本という国に対する哀れみと悲しみと絶望感に、泣きたくなった。その夜、やけ酒を飲んだ。

日本という国は、一人の人的貢献もせず、増税をしてまで、一三五億ドル（約一兆八千億円）もの大金をアメリカに献上したのである。自らは一滴の血も汗も流さず、傍観していた日本。金で物事を解決することは、時として軽蔑される。だが、それが私たちの愛する日本だった。

世界中の親日国の人々は、武士道精神を捨て去った日本の姿に、さぞガッカリしたことだろう。

われわれ予備自衛官がクウェートに行けなかったことは悔しかったけれど、日本人すべてにとって、もっと悔しかったことがある。

湾岸戦争が終わり、侵略したイラク軍が撤退した後、クウェート政府はアメリカの『ワシントンポスト』や『ニューヨークタイムズ』などの主要紙に、「ありがとうアメリカ、そしてグローバルファミリーの国々。クウェートのために戦ってくれて感謝します」と、国名を記した全面広告を出した。そこには、以下のような国々の名前があったが、日本の名はなかった。

アメリカ、カナダ、アルゼンチン、ホンジュラス、イギリス、フランス、スペイン、ポルトガル、イタリア、ドイツ、ギリシャ、デンマーク、ノルウェー、ベルギー、オランダ、ポーランド、チェコスロバキア、ハンガリー、韓国、バングラデシュ、パキスタン、アフガニスタン、バーレーン、カタール、UAE、オマーン、サウジアラビア、シリア、トルコ、オーストラリア、ニュージーランド、エジプト、モロッコ、ニジェール、セネガル、ガンビア。

これらの国の大半は、戦費などほとんど出していないし、ほんのわずかな兵員を出しただけの国も多い。だが、侵略者のイラクを叩き、多国籍軍が英雄となりえた巨額の戦費の、ほぼ百パーセントを供出した日本の名前はなかった。クウェートは、日本を「グローバルファミリー」の一員として認めなかったのだ。こんな屈辱はない。

破壊されたクウェート国の戦後復興ビジネスは、六〇〇億ドル以上と見積もられていた。しかし、空港、港湾、通信施設、道路、淡水プラント、石油関連施設、建物などの復興工事に、日本は全く呼ばれなかった（石油関連プラントの多くは、日本の企業が建設したのに……）。

アメリカは、この戦争で一気に経済が復活し、ブッシュ（父）大統領の支持率は、約九〇パーセントという、当時の歴代最高記録を作ることになった。こうした、アメリカにとって、「戦争さまさま。日本さまさま」の状態が、しばらく続いた。

われわれ予備自衛官にとって、もう一つ悔しいことは、これらの国の軍事作戦の後方支援のために、アメリカ軍の予備役軍人が多数参加していたことだった。アメリカで発売された『湾岸戦争　砂漠の嵐作戦』（翻訳本は東洋書林刊）という本の中には、おびただしい数の予備役（Selected Reserve）と個人即応予備役（Individual Ready Reserve）が各方面の兵站をになっていたことが書かれている。その数、一〇万人以上。彼らは前線にも立ったし、多くは後方支援の役割を存分に実行して、勝利への道筋を援護したのだ。

われわれ日本人予備役だって、後方支援ぐらいはできたのに……。思い出すたびに、今でも腹が立つ。われわれがクウェートに行っていれば、クウェート政府は感謝の新聞広告の中に日本の国名も入れただろうし、アメリカは、日本に対して九〇億ドルの追加費用を要求しなかったかもしれない。こうして、われわれ予備自衛官が参加しようとした湾岸戦争は、虚しく、苦い思い出として、今も残っている。

この湾岸戦争で、日本は三つのことを学んだ。

一つめは、世界は常に危険に満ちており、平和は、はかないほど簡単に崩れるということ。そのためには、血と汗を流して平和を守らなくてはならない。

二つめは、外貨一千億ドル以上を有した大金持ちのクウェートですら、ほとんど国防力の整備に努力していなかったため、あっけなくイラク軍に占領されたことである。日本国憲法の前文に書かれているような「平和を愛する諸国民の公正と信義に信頼して、われらの安全と生存を保持しようと決意した」そんなオメデタイ世界はどこにもなく、自分の国の安全は自分で守らなければならないということだ。

三つめは、平和を守るためには、カネを出すだけでなく、人的貢献が絶対に必要だということ。

自衛隊の海外での活動始まる

さて、こうして予備自衛官による自主的なクウェート派遣計画は実現できなかったが、多くの自衛官、国民や政府に、かなりのインパクトを与えることに成功したと思っている。

自衛隊は国内にこもっているだけでなく、積極的に国際貢献をすべきだ、という声が、澎湃《ほうはい》として起こったのだ。軍隊が嫌いなマスコミも「小切手外交はみっともない、人的貢献を行うべき」という意見を報じだした。そこで自衛隊は、ようやく重い腰を上げた。

湾岸戦争が終わった一九九一年四月、自衛隊は、創設以来最初となる海外での任務（ミッション）に着手した。湾岸戦争後のペルシャ湾の機雷除去作業である。そのために、六隻の掃海艇と五一一名の隊員からなる掃海部隊が編成された。

落合畯《たおさ》一佐が指揮官を命ぜられ、たった一〇日間で部隊編成と準備を整え、四月二六日に出航するという、神わざに近いことを実施した。ちなみに、落合一佐（防大七期）の父親は、日本海軍の大田實《みのる》中将。「沖縄県民かく戦えり。県民に対し後世特別の御高配を賜らんことを」という最後の電報を書いて沖縄の壕内で自決された、有名な将軍である。

この落合一佐に率いられた六隻の掃海艇は、一万三千キロの航路を約一カ月かけて、五月二七日に現地に到着した。通常ならこれほどの艦隊には、防護するための護衛艦（巡洋艦）が同行するのだが、防衛庁はそれを認めなかった。なぜならば、護衛艦は大砲や魚雷などの武器を装備しており、戦闘を目的としているというのだ（日本は憲法上、国際紛争における戦闘を禁じられている）。

世界中のマスコミは、そんな日本の掃海部隊を驚いて見ていた。現地は、戦争が終わったとはいえ、戦闘で破壊された二六〇の油井は燃え続け、煤煙と硝臭が漂い、危険に満ちていた。そんな所に、無防備で丸腰の掃海艇がやってきたのだ。

だが、日本の海上自衛隊の活躍は見事だった。六月五日から始めて九月一一日までの九九日間で、なんと、すべての機雷を爆破処理したのだ。とりわけ、多国籍軍ができなかった、海底に潜む磁気機雷を百パーセント処理して世界を驚かせ、日本をはじめ世界の石油タンカーを運行する会社から、感謝と称賛を受けた。

日本人は、やる時には徹底的にやる。現場の海上自衛官は、毎朝四時半に総員起こし、五時出航。日の出の五時半に掃海作業開始、日没の七時半まで一四時間、ひたすら危険な機雷除去を続けた。日中の気温は摂氏五〇度、海水の温度は摂氏三五度、塩分濃度は日本近海の二倍という、過酷な状況の中での作業。しかし、誰も不平不満を口にしなかった。

やはり日本人には、武士道精神のＤＮＡが備わっているのだ。そこらのヤワとは違うということが、はっきりした。こうして、自衛隊による最初の海外ミッションは一件の事故もなく完遂し、危険な海を平和な海に変えることに成功したのだった。

落合一佐たちが帰国した翌年（一九九二年）には、国際平和維持活動（ＰＫＯ）法案が成立し、カンボジア、スーダン、モザンビーク、ルワンダ、ゴラン高原、東チモール、イラク、インド洋での補給活動、ソマリア沖での海賊対処活動などが行われている。日本はようやく、世界のために活動できるようになったのだ。自衛隊の諸君は、大いに自信を持って行動を続けてほしい。

自衛隊は戦争のために世界に出るのではなく、戦争を抑止するために世界に出るのである。

「Boots on the ground（部隊を出せ）」

12 憲法守って国滅ぶ

私たちの日本国憲法は、はたして独立国にふさわしい憲法なのであろうか。まずは、以下の二つの大切な項目について、見ていきたい。

〔前文〕
日本国民は、恒久の平和を念願し、人間相互の関係を支配する崇高な理想を深く自覚するのであって、平和を愛する諸国民の公正と信義に信頼して、われらの安全と生存を保持しようと決意した。

We, the Japanese people, desire peace for all time and are deeply conscious of the high ideals controlling human relationship, and we have determined to preserve our security and existence, trusting in the justice and faith of the peace-loving peoples of the world.

〔第二章　戦争の放棄〕

第九条　日本国民は、正義と秩序を基調とする国際平和を誠実に希求し、国権の発動たる戦争と、武力による威嚇又は武力の行使は、国際紛争を解決する手段としては、永久にこれを放棄する。

前項の目的を達するため、陸海空軍その他の戦力は、これを保持しない。国の交戦権は、これを認めない。

Article 9. Aspiring sincerely to an international peace based on justice and order, the Japanese people forever renounce war as a sovereign right of the nation and the threat or use of force as means of settling international disputes.

In order to accomplish the aim of the preceding paragraph, land, sea, and air forces, as well as other war potential, will never be maintained. The right of belligerency of the state will not be recognized.

日本が戦争に負け、ＧＨＱの最高司令官マッカーサーが、日本が再び立ち上がってアメリカに牙をむくことのないよう、そして、日本人を精神的にひ弱な民族に変えるために、民政局長のホイットニー准将以下一九人のアメリカ人の軍人と軍属に命じて、一週間で作らせたインスタント占領憲法。それを急いで翻訳したものだから、おかしな日本語や誤訳も多い。前文の「諸国民の公正と信義に信頼して」も「信義を信頼して」と訳すべきだろう。また、「自覚するのであって」は「自覚して」と訳すべきだった。このように、おかしな日本語がたくさんあるのだ。

特に「平和を愛する諸国民の公正と信義に信頼して」という有名な文章。日本の近隣の諸国……韓国、北朝鮮、中国、ロシア……、これらの国は、どう見ても、平和を愛する信義の国とは思えない。

第九条を読めば、中学生でも自衛隊は憲法違反と思うはずだ。実際に、恵庭《えにわ》事件、長沼ナイキ事件、砂川《すながわ》事件、百里基地訴訟などで、法律のプロである裁判官は、自衛隊は違憲と判決している。だが、こんなわけの分からない憲法は問題という意見が多くなり、最近、ようやく憲法改正の機運が出てきた。国家の独立の条件とは、領土、領海、領空を守り、国民の命や国の治安を守るために自国の憲法や軍隊を持つこと。どの国にも「国民の生存権」（国防）があるのだ。なのに、外国製の憲法を持っているのは日本だけ。ということは、日本は、いまだ独立国ではないということだ。

憲法改正を主張していた共産党と社会党

現在の日本国憲法は世界に誇れる平和憲法だから、何が何でも守るべきだと言っている代表格は、社民党と共産党だろう。この二つのマルクス社会主義政党は、かつて激しく現憲法に反対していたのである。理由は簡単だ。現在のアメリカ製の憲法は独立国にふさわしくないし、ここ日本で社会主義を実行することが不可能になるからだ。日本社会党（現社民党）の当時の綱領には、「社会主義憲法を勝ち取るため、現行憲法に反対する」という内容が明記されていた。

日本共産党も現行憲法に大反対だった。党委員会議長の野坂参三は国会で、占領憲法は新日本にはふさわしくないと言って、独自の「日本人民共和国憲法草案」を提示した（昭和二一年六月二九日）。

それが、今は両党ともガラッと宗旨替えして、「護憲」を言い出した。なぜかって？　それは、今の占領憲法を保持していると、日本は日々弱体化し、平和主義に国民の脳みそが侵されて、戦うことを放棄してしまう。そうなると、共産党や社会党が目的とする、本来の（暴力）革命をやりやすくなるからだ。彼らは、革命が成功し、日本が中国や北朝鮮のような社会主義国家になって、社会主義人民憲法を制定し、人民軍を持つようにすればよいと考えているのだ。

かつて私の知人に、異常なほど軍隊が好きな自衛官がいた。彼は、今の自衛隊はおもちゃの軍隊でつまらない。北朝鮮やソ連や中国の軍隊が理想だから日本は社会主義を目指すべきだと言って、自衛隊を辞め、地方の市会議員に日本社会党から立候補した（結果は落選）。彼が軍国主義を目指したように、社会主義の北朝鮮や中国は国民皆兵制であり、男も女も、何年かは軍隊に入って教育を受けなければならない。現在の立憲民主党や共産党は、口にこそ出さないが、社会主義体制を守るためには、しっかりとした軍隊を持つべきと思っているはずだ。

現在の日本国憲法は、一読すると美しいが、自分の手足を縛る危険な憲法である。北方領土や竹島が不法占拠され、尖閣諸島が侵略の危機にさらされているのに、日本は何もできない。さらに、第二九条「財産権の保障」を外国が侵害して、日本の国土を奪っている。中国の資本が北海道の土地をどんどん買い占め、すでに静岡県全部と同じ広さの土地が中国の所有となったというが、日本人は黙ってこれを見ているだけだ。

日本経済の血液と言われる原油の約九〇パーセントを中東に依存している日本。そのほとんどが、ペルシャ湾のホルムズ海峡を通り、時折、海賊に襲われたり、国籍不明の武装集団から攻撃されたりしている。「自国の船は自分たちで守るのが常識だろう」と何度もアメリカに言われて、海上自衛隊が渋々タンカーを護衛（エスコート）するようになったが、憲法で交戦が禁じられているので、実際には何もできない。

北朝鮮の工作員が日本の領土に入り込み、多くの日本人を拉致したことが分かっていても、何もできない。北朝鮮の不法極まる行為は、明らかに侵略行為である。憲法第一三条、一八条、二五条に違反しているのに、反撃さえできない。

先進国で、「スパイ防止法」がないのは日本だけ。外国人はいったん日本に入国すると、研究を重ねた日本の重要な機密を簡単に手に入れることができる。日本の学者や農家が苦労して改良したリンゴ、ブドウ、イチゴ、ナシなどの花粉が盗まれて、韓国や中国で勝手に栽培されている。昔から言われているように、本当に日本は「スパイ天国」なのだ。

日本国憲法は、どう見ても独立国にふさわしくない、危険を呼び込む、偽善に満ちた不完全憲法である。一日も早く、日本の、日本人による、日本のための、強くて美しい憲法ができてほしいと願うばかりである。自衛官の多くは、「憲法違反の自衛隊」と、さげすまれたくないと思っている。彼らは一日も早く、名誉ある国軍の防人になりたいのだ。

現今の政治家は、与野党ともに日本人としての国家観が薄く、日本国への危機管理意識があまりない。目先の安住に甘えて、自分だけ良ければいい、今さえ良ければいいと、惰眠をむさぼっている。国の安全保障（国防）についても目をつぶり、憲法改正は票にならないからと言って、逃げてばかりいる。そんな身勝手で、国の安全のことをまるで考えていない国会議員の多さに、あきれ果てている。

憲法に手足を縛られた自衛隊

自分の国を守ることを、憲法で否定している国は、世界中を見回しても日本だけだ。どう見ても、日本国憲法は異常だ。

「平和を愛する諸国民の公平と信義に信頼して、われらの安全と生存を保持しようと決意した」（憲法前文）、「陸海空軍その他の戦力は、これを保持しない」「国の交戦権は、これを認めない」（九条二項）。

こんな、世界に通用しない憲法を持つ日本は恐ろしい。将来、日本が生き残れる可能性は少ないと思えてならない。外国が日本に対して無理難題を吹っかけてケンカ状態になっても、日本の勝ち目はほとんどない。なにしろ「交戦権は、これを認めない」と書かれている憲法を、ひたすら守っているからだ。本当に、日本はおめでたい国だと思う。日本を狙う外国にとっては、嬉しくて、ありがたい、東洋の美しい国。朝鮮総連の幹部なら、はっきりとこう言うだろう。

「日本国憲法のおかげでございます。北朝鮮は、今まで好きなように日本に侵入して、日本人を拉致してきましたが、日本は武力を使って拉致された日本人を取りもどすことはありませんでした。ありがとうございます。これからも続くと思います。拉致は日本に対する恫喝や交渉の材料ですからね。先日は、頼みもしないのに、世界一おいしい日本のコメを五〇万トンも送ってくれましたし」

韓国も、おそらく同じようなことを言うはずだ。

「日本は何もできない国だ。戦争ができないチキン国（臆病国）だ。自衛隊？　あんなものは、おもちゃの軍隊だ。戦うことを憲法で禁じられたバカみたいな国。そのうち日本を占領してみせる。今までやられてばかりいたからな。一度でもいい、日本を占領すれば、韓国人の気持ちが晴れることになる」

実際、韓国は日本国憲法を大切にする日本人をバカにして、次から次へと問題を吹っかけてくる。竹島の占領、慰安婦問題、徴用工問題、レーダー照射事件、旭日旗の排除、天皇陛下への無礼な発言、日本海の名称を東海に変える、日本からの海産物の禁輸、半導体原料の輸出に対するＷＴＯへの提訴、韓国にある日本大使館や領事館の前のみならず、世界中に慰安婦像を建てて喜んでいる異常な姿、などなど、普通、こんなことをされたなら、断交どころか戦争になる。こうして韓国からやられっぱなしの日本であるが、憲法のおかげで何もできないというのが実情だ。

日本の周辺国の中国、北朝鮮、韓国、ロシアは、射程五〇〇〜五五〇〇キロの中距離弾道ミサイルを多数保有しているのに、日本だけが持っていない。持とうとしても、憲法に抵触するからダメらしい。

近年、自衛隊がＰＫＯ（国連平和維持活動）に参加してきたが、これも本当は問題だ。現地では外国の軍隊に守ってもらいながら活動し、南スーダンからは、戦闘に巻き込まれる恐れがあるという理由で撤退してしまった。憲法に明記されている「国権の発動たる交戦権」に抵触するというのだ。

実態がこれでは、「駆けつけ警備」「国際協調主義に基づく積極的平和主義」などの看板も、意味をなさない。このように、戦うことを禁止された不思議な軍隊が、日本の自衛隊なのだ。

先述の通り、令和二年六月、中東から原油などを運ぶ日本のタンカーを警護するために、海上自衛隊の護衛艦を中東に派遣することが決定された。だが、これが国会で承認される前、防衛省の背広組から反対の意見があがった。槌道《つちみち》明宏政策局長が「海上警備行動を命ぜられた自衛官の武器使用については、その相手方が国または国の組織であることが明らかな場合は、警察権の範囲を超えて、認められない」と言ったのだ。

これに対して制服組は「それでは何のために中東に行くのか分からないではないか」と反論したが、憲法上、戦闘はしてはいけないことになっている。上空への威嚇射撃や、船と船のあいだに入って日本のタンカーを守れという命令を受けて、虚しく護衛艦は出航した。

日本の自衛隊は、バカみたいな憲法に手足を縛られたままなのだ。

憲法守って国滅ぶ、とは日本を言う。

憲法九条カルト教団

われわれ自衛官は、長年いじめられてきた。誹謗中傷にひたすら耐えてきた。

「ただメシ食い。税金ドロボー。憲法違反……」

若いころ、お金がないので私服が買えず、日曜日に制服を着て街なかを歩いていると、肩に何かがぶつかった。ジュースの空き缶だった。自衛隊嫌いの誰かが私に投げたのだ。

別のある日、駅前の小さな居酒屋で、ちびちび一杯やっていると、二人の中年男性が「おい自衛隊さん、毎日遊んでいい身分だな」と言う。

「いいえ、毎日訓練や業務を忙しくやっていますよ」

「何言ってんだよ。お前ら自衛隊は憲法違反だよ。お前らみたいなのがいるから、戦争になるんだよ」と絡んできたので、ケンカになる前にその場から去った。

憲法違反の自衛隊。古い自衛官なら誰しも一度や二度はこの言葉を浴びたはずだ。国会議員や新聞、学者までが、同じような非難じみたことを言ったり書いたりしてきた。それは、今も続いている。

現行のアメリカ製の憲法がある限り、自衛隊は胸を張って街なかを歩くことができない。自衛隊は日陰の悲しい軍隊なのだ。

確かに、憲法九条には、「国権の発動たる戦争と、武力による威嚇又は武力の行使は、国際紛争を解決する手段としては、永久にこれを放棄する。前項の目的を達するため、陸海空軍その他の戦力は、これを保持しない。国の交戦権は、これを認めない」と書かれている。だがこれは、先にも述べたように、日本が再び強い国になってもらいたくないアメリカのGHQが書いた文章だ。こんなバカげた文章は、日本人なら間違っても書かない。

ところが、日がたつにつれ、戦後の日本人の多くは、軍隊を持つことを否定する現行の憲法に麻薬のように麻痺させられて、これこそ人類理想の「平和憲法」と信じきってしまうようになった。この憲法さえあれば、戦争にならない、戦争に巻き込まれない、と強く思い込むようになったのだ。

日本国憲法を頭から信じている日本人は、カルト宗教のオウム真理教とよく似ている。自分たちが信ずるこの考えこそ正しく、この理想を否定する人間はこの世には必要ない。ポアする（殺す）こともやむを得ない、という宗教である。こうした九条信者と会話すると、これは一種の宗教と定義づけてもいいと思うことが多い。彼らは熱に浮かされ、ノーベル委員会に「憲法九条にノーベル平和賞を」と自薦して、世界から失笑を買っていることさえ分かっていない。例えば「ピースボート」なる団体（立憲民主党の辻元清美議員は設立メンバーの一人）は、日本の若者に世界を見せ、海外の若者と友好を図り、そして「誇りある日本の憲法九条」を世界に広めようとしている。

彼らは、「殺すより、殺されることを選ぼう。どんなに世界が残酷で日本に危機が迫っても、攻撃や侵略をされても、私たちは戦わないと日本国憲法に誓った」などと言う。冗談ではない。戦勝国アメリカが押しつけた占領憲法に対して、何ゆえ忠誠を尽くす必要があるのか。

最近は、経済評論家のMのように、男の中にも九条は素晴らしいという者が出てきた。あなたは、自分の家族や友人、恋人が襲われた時、自分だけ真っ先に安全な場所に逃げて、彼らが暴行を受けたりレイプされたりしているのを、遠くからじっと見つめているのか。こんな、臆病で意気地なしで、男の風上にも置けないチキン野郎が、偽善に満ちた平和憲法をありがたがっているのだ。

私は、令和二年五月五日付けの読売新聞・全国版を見て驚いた。

全面掲載された「九条実現　憲法の意思を変えるな！」というタイトルの意見広告で、憲法改正に反対する人たちの名前が、虫眼鏡がないと読めないほど、びっしりと書かれている。

サブキャプションには「武力より憲法9条の平和力！」とあり、「現在の憲法9条のもつ平和力を真に実現していくことこそ、戦争のない暮らしを守る唯一の答えです」「防衛予算案（2020年度、過去最大5兆3133億円）をゼロから見直し、人々が直面する脅威や損失にしっかりと充てることができる政治です」と書いてある。おい、おい、おい、日本の防衛費をゼロにしろと言うのかいな。自衛隊は不要と言うのかいな。アタマ大丈夫か？

憲法九条さえ守れば日本の平和が守れる、そのためには防衛予算をゼロにしてもいいという飛躍した意見は、まさにパシフィズム（妄想的平和主義）。あまりにも危険で、幼稚な考えだ。オウム真理教のように、自分たちの信ずる宗教に狂っているとしか言いようがない。

三島由紀夫と憲法改正

約五〇年前、ノーベル文学賞がほぼ確実と言われていた三島由紀夫が、市ヶ谷の自衛隊でサムライの形式通りに壮絶な割腹自決を行って、われわれを驚愕させた。

先にも少し触れたが、三島が死の直前に書いた『檄文』には、憲法と自衛隊について、こう書かれている。

「われわれは戦後の日本が経済的繁栄にうつつを抜かし、国の大本を忘れ、国民精神を失い、本を正さずして末に走り、その場しのぎと偽善に陥り、自ら魂の空白状態へ落ち込んでゆくのを見た。政治は矛盾の糊塗、自己の保身、権力欲、偽善にのみ捧げられ、国家百年の大計は外国に委ね、敗戦の汚辱は払拭されずにただごまかされ、日本人自ら日本の歴史と伝統を潰してゆくのを、歯噛みしながら見ていなければならなかった。われわれは今や自衛隊にのみ、真の日本、真の日本人、真の武士の魂が残されているのを夢みた。しかも法理論的には、自衛隊は違憲であることは明白であり、国の根本問題である防衛が、御都合主義の法的解釈によってごまかされ、軍の名を用いない軍として、日本人の魂の腐敗、道義の頽廃の根本原因をなして来ているのを見た。もっとも名誉を重んずべき軍が、もっとも悪質の欺瞞の下に放置されて来たのである。自衛隊は敗戦後の国家の不名誉な十字架を負いつづけてきた。自衛隊は国軍たりえず、建軍の本義を与えられず、警察の物理的に巨大なものとしての地位しか与えられず、その忠誠の対象も明確にされなかった。われわれは戦後のあまりに永い日本の眠りに憤った。自衛隊が目ざめる時こそ、日本が目ざめる時だと信じた。自衛隊が自ら目ざめることなしに、この眠れる日本が目ざめることはないのを信じた。憲法改正によって、自衛隊が建軍の本義に立ち、真の国軍となる日のために、国民として微力の限りを尽くすこと以上に大いなる責務はない、と信じた」

この檄文を読むたびに、体が熱くなる。反対に、憲法九条信者の、これさえ守れば平和が保たれるという念仏を聞くと、体が寒くなる。

驚いたことに、二〇一九年一一月一七日の朝日新聞には「全国首長九条の会が発足し、一三一人の現職、元職の首長が憲法改正に反対」と嬉しそうに書かれていた。自分の子供が殺されてもやむを得ない。抵抗しないのが最善だ、という考えの人間が市長や町長に選ばれるのが、日本という国なのだ。

日本人なら、日本の国にふさわしい、世界に誇れる憲法を自らの手で作るのは当たり前のこと。七五年も前に、戦勝国のアメリカから与えられた占領憲法を、捨てるか変えるかの重要な選択の時期に来ているのだ。日本に自衛隊ができて約七〇年、自衛隊は、日本国憲法第九条に、これ以上いじめられたくないと思っている。

とはいえ、日本の憲法改正は容易ではない。最近になって、ようやく日本人の独立の意識が芽生えてきたが、それでも改正のハードルは高い。なぜなら、憲法改正には「衆参両院の総議員数の三分の二以上で発議し、国民投票で過半数の賛成を得る」必要があるからだ。世界の他の国々には、そんなややこしい決まりはなく、大半は国民投票の必要もなく、国会の議決だけですむ。
戦後、憲法が改正された国、改正回数と主な改正事項は以下の通りである。

ドイツ　六〇回（再軍備、緊急事態条項、環境保護）
イタリア　一五回（地方分権、州知事の公選制）
アメリカ　六回（大統領の三選禁止、選挙年齢を一八歳に）
フランス　二七回（戒厳令、男女平等の促進）
オーストラリア　五回（先住民に対する差別の廃止）
中　国　九回（言論の自由の制限、社会主義経済の原則）
日　本　〇回（検討されたことなし）

憲法改正は待ったなし。繰り返すように、日本人の、日本人による、日本の憲法を持って、初めて日本は独立国になるのだ。これ以上、自衛官がバカにされたり、空き缶をぶつけられたりしないでほしい。憲法が改正できてこそ、平和で美しい日本の国土を守れるのだ。

13　皇室を持つ日本を愛す

私たち自衛官は、日本人の生命財産を守るだけでなく、日本独自の文化や伝統を守る義務があると思っている。

令和元年一〇月二二日の即位礼は、雅《みやび》やかで厳かな式典だった。この日から、徳仁《なるひと》殿下は第一二六代の天皇の位《くらい》につかれ、実質的な元首として「日本国と日本国民の象徴として」重い責任を果たされることになった。この即位の礼には、各国の王族をはじめ、一八〇もの国や機関の元首や閣僚ら四〇〇人以上が列席した。

日本は天皇とともに、世界に誇る見事な体制を持った国である。君民一体で、宗教戦争とは無縁の国柄が続いている。天皇は、長い歴史を誇る日本の文化の中心であり「国安かれ、民安かれ」と祈る祭祀をつかさどる御方である。

日本の国柄は、代々の天皇と国民がともに歩み、苦しみも悲しみも喜びも共有してきたことである。当然ながら、国を守る自衛官は、日本の魂とも言える、この皇室をお守りする義務を負っている。

世界二〇〇カ国のうち、君主制をとっているのは、約五〇カ国である（イギリス、オランダ、ベルギー、デンマーク、ノルウェー、スペイン、サウジアラビア、カタール、ヨルダン、モロッコ、タイなど。元首は国王）。君主制の国家は政治的に安定していて、大きな内乱はない。

日本も君主制国家であるが、元首は国王（キング）ではなく天皇（エンペラー）である。長い歴史の日本は、常に皇室とともに歩んできた。初代の神武天皇は、キリストが生まれる六六〇年も前に、日本国を建国された。昨年二〇二〇年は、日本独自の暦では、皇紀二六八〇年である。

皇室や王室を持たない共和制国家は、世界に約一五〇カ国（アメリカ、メキシコ、ロシア、中国、韓国、フランス、イラク、パキスタン、エジプト、ケニア、ブラジルなど）。これら共和制の多くの国は、政治的にいつもごたごたしている。

通常、元首を選ぶ時、君主国は世襲で、共和国は選挙で決められる。

君主制国家が共和制に変わるきっかけは、大半が革命であり、多くの国王は処刑されるか国外追放になった（ロシア、中国、リビア、エチオピア、エジプト、フランスなど）。

世界の国々は、常に戦いを繰り広げ、興亡の歴史を刻んできた。その中で異色を放っている、珍しい国が日本である。一度も外国に（完全に）占領されたことがなく、奴隷にもならなかった国。皇室制度と伝統を守り続けた、世界一永い歴史を持つ国家。古事記にあるように、国民と天皇が離れることがなく、喜びも悲しみも共にしてきた君民一体の「しらす国《くに》」が、日本である。

大臣は政府が決めるが、任命するのは天皇である。これは、二六八〇年あまりも続いている、日本独自の「しきたり」である。

歴史の長い国々を見てみよう（二〇二〇年現在）。

日　本　　二六八〇年　天皇は一二六代目
デンマーク　一三〇〇年　国王は五四代目
イギリス　九〇〇年　国王は四〇代目
スペイン　五四〇年　国王は一七代目
タ　イ　　二三七年　国王は一〇代目

日本の天皇には、政治的な権力はいっさいなく、文化の象徴であり、国家安寧を祈る高貴な、権威の高い存在なのである。だから日本人の誰ひとり、天皇を傷つけたり倒そうとしたりする者はいない。その証拠に、かつて天皇のお住まいだった京都御所は、平地の質素な木造の平屋であり、低い塀に囲まれているだけである。これを見て、外国人は驚くそうだ。外国の王室は、敵から攻められないよう高い丘の上に建てられていたり、頑強な石作りのお城に住んでいたりする。そして戦争に負けると、真っ先に逃げたり処刑されたりする。

日本の皇室は、こうした外国の王室とは全く違う、尊い存在なのだ。天皇は常に国安かれと祈り、日本の命と文化の中心であった。初代天皇の神武大帝は日本を「大和《やまと》の国」と呼び、「八紘一宇《はっこういちう》」の理想を説いた。これは、世界の人々が、肌の色や人種の違いを超えて、一つの屋根の下で仲よく暮らすという意味である。歴代の天皇、皇后は、自ら稲を作り、蚕《かいこ》を育て、美しい和歌（短歌）をお詠みになった。まさに日本の美の源泉であり、ありがたくも大切な御方である。私たち日本人は、外国とは違う、君民一体の、雅やかな日本の皇室を持つことを誇らしいと思い、大切にしてきた。

なにごとのおはしますかはしらねども
かたじけなさに涙こぼるる（西行法師）

自衛官は、日本の領土と国民の命を守るだけでなく、天皇様のおられる日本の防人であることに、ありがたさと誇らしさを強く抱いているのだ。

14　拉致被害者の救出に自衛隊を使え

日本人が北朝鮮に拉致されたことが分かってから、約半世紀になろうとしている。警察庁の発表によると、北朝鮮に拉致された可能性を否定できない日本人の数は八八二名とされている。日本政府が認定した拉致被害者は一七名。そのうちの一人が、新潟市において学校の帰り道で拉致された、一三歳の中学生だった横田めぐみさんだ。あれから約五〇年が経ち、めぐみさんは日本に帰ることなく、父親の横田滋さんは亡くなった（令和二年）。

金正日《キム・ジョンイル》国防委員長（国家元首）が拉致したことを認めて帰国した日本人は、蓮池薫さんなど五名だけ。まだ八〇〇人以上の日本人は拉致されたままだ。北朝鮮は、拉致した日本人のうち五名が生存、八名が死亡と明らかに嘘の発表をして、家族会や多くの日本人を怒らせた。北朝鮮にやられれっぱなし、なめられっぱなしの日本。独立国家として悔しく、腹立たしく、恥ずかしく、そして情けない。

安倍晋三元総理は、口を開くと「私の在任中の最も重要なことは、拉致被害者の救出である」と言っていた。しかし結局、歴代最長七年八カ月の在任期間を誇っても、ついにこの問題を解決することなく、総理を辞職した。
　辞職後（令和二年九月一五日）安倍氏は、記者団にこう述べた。「拉致問題は解決できなかった。拉致被害者の家族とは長い付き合いになる。皆さんの手でお子さんたちを抱きしめることができるように、全力を尽くすことが私の使命だと思ってきた。さまざまな動きを模索し、考えられるあらゆる手段をとってきた。残念ながら拉致被害者の帰国が実現できなかったことは、本当に痛恨の極みである」
　この、拉致被害者救出の思いは、政治家だけでなく、多くの自衛官と、すべての日本人の総意だ。日本の主要政党は、令和元年の参議院選挙で、「拉致問題解決について」次のような公約を述べている。

自民「あらゆる手段を尽くして拉致被害者全員の即時帰国を目指す」
公明「拉致問題を解決し、不幸な過去を清算して日朝国交正常化も実現をめざす」
立憲民主「ミサイル開発と拉致問題の解決に向けた交渉に着手する」
国民民主「ミサイル・拉致問題の解決を目指す」
日本維新「拉致問題の解決に向け、日米韓中の連携をさらに強化」
共産「北朝鮮の非核化の推進、六カ国協議で拉致問題の解決を目指す」

　これらの公約を読むと、ただ虚しくなる。どの党も、熱のない、おざなりの主張の列挙であり、「われわれはこうして拉致されている日本人を取りもどす」という具体策を、いっさい述べていない。たぶん、何らの方策も持っていないし、考えたこともないのだろう。

安倍総理は、「私は何度でも北朝鮮に行き、北朝鮮の金正恩《キム・ジョンウン》朝鮮労働党委員長と会談して拉致被害者全員を取りもどしたい」と常に言っていた。だが、力で奪われた日本人を、力を使わずして取りもどせるのか、私たちは疑心を払拭できない。

北朝鮮から工作船で日本の沿岸に入り込み、工作員が国内の協力者に案内されるまま密かに上陸する。そして、目標としている日本人を襲って袋に詰め込み、北朝鮮に連れていく。これは明らかに日本の主権の侵害、侵略行為であり、絶対に許すことはできない。

「国家防衛の義務を持つ自衛隊は何をやっているんだ」「国民の安全を守る警察は何をやっているんだ」という声に対しても、関係ある役所はダンマリを決め込み、虚しく時が過ぎ行くだけだ。

年老いた被害者家族の何人もが、悲痛な叫びを残したまま、この世から去って行く……。

予備役ブルーリボンの会の熱い思い

われわれ予備役ブルーリボンの会はこれまで、荒木代表以下多くのメンバーが主体となって、拉致された海岸などを訪れ、どのように拉致されたかを研究し、実際にシミュレーションもしてきた。漁船をチャーターし、沖から日本の沿岸を眺めて、あのあたりから日本人の協力者が合図を送り、拉致するための小型の船を誘導させたのだなと確信したこともある。

また、脱北した北朝鮮の元工作員とも接触し、彼らの考え方、拉致のやり方などを知ることができた。そして、日本国民に対し、われわれと同じ日本人が拉致されていること、彼らを必ず救出しなけ

13　オピニオン　11版　令和元年（2019年）6月5日　水曜日　産経新聞

意見広告

拉致被害者救出に自衛隊の活用を！

私たちは北朝鮮による拉致被害者救出に自衛隊の活用を求める活動を行っています

拉致被害者救出への自衛隊の活用を求める元自衛隊員・予備自衛官等の署名

政府及び国会議員等関係者各位

自衛隊の任務は、「我が国の平和と独立を守り、国の安全を保つため、我が国を防衛することを主たる任務とし、必要に応じ、公共の秩序の維持に当たるものとする」とあります。これを狭義に捉えると「領土保全」ということになりますが、防衛の対象となる国は主権、領土、国民から構成されることは申すまでもありません。また、憲法には「主権が国民に存す」ことを明記しており、国民に対する北朝鮮政府の侵害行為は、主権と国民に対する直接的実力行使に当たり、かつ、我が国領土内での実力行使すなわち侵略に該当するものと考えます。

このような事実が国際的にも確認されているのにも拘らず、自衛隊はこれまで拉致被害者の救出に使われたことがありません。情報収集から邦人保護・輸送までできることは様々あり、拉致問題が国政の最重要課題であるならば自衛隊の活用は当然であると考えます。私たちは政府の決断と関連諸法制の早急な整備を求めます。

令和元年　六月五日

署名者（五十音順）

予備役ブルーリボンの会
拉致と国防に関するシンポジウム
令和元年 6月29日（土）
14:00～16:00

予備役ブルーリボンの会（RBRA）
〒112-0004 東京都文京区後楽2-3-8-301 荒木事務所気付 info@yobieki-br.jp
ホームページ
https://www.yobieki-br.jp/

「予備役ブルーリボンの会」による意見広告（産経新聞 2019年6月5日付）

ればならないということを啓蒙するために、シンポジウムや講演会などを何度も開催してきた。われわれの目的は、あくまでも拉致された日本人全員の奪還だ。単なる言葉遊びではなく、武威を示しての「奪還」である。

予備役ブルーリボンの会は、日本人を北朝鮮から救出する意思を表明するために、予備自衛官や自衛隊のOBから署名を集めている。二等陸士から将官まで、たくさんの元自衛官から「行動する意思」の署名をいただき、心強い限りだ。そして、たくさんのボランティアが、多くの都市で今も署名活動を続けている。

多くの政治家も、胸にブルーリボンを付けてくれるようになった。地方都市でも、映画の上映会や講演会を開けるようになった。劇団夜想会（主宰：野伏翔《のぶししょう》）による『めぐみへの誓い』という劇が上演され、令和二年には、映画化もされた。とても素晴らしいできばえだ。彼ら夜想会の国を思う精神と行動は、いくら称賛してもしきれないと私は思っている。この『めぐみへの誓い』は、日本人全員が観るべき映画だと思う。

一方、外務省も、北朝鮮と水面下で接触している気配はある。だが、例えば、拉致被害者解放についての会合（日朝実務者協議、日朝政府間協議など）を見ても、北朝鮮は高位の軍人がテーブルに同席するのに対し、日本側は外務省の「役人」か担当の「政治家」だけが着席する。そして、日本人を返してくださいと懇願する。こんな協議の効果は薄い。

今後の協議には、自衛官の将軍ないしは大佐クラスと、奪還運動を続けている予備自衛官を同席させるべきだと思う。向こうも軍人が出てくるのだから、こちらもそうすべきだ。それが国家の意思というものだ。そうした強い姿勢もなく、ヤワな外務省の役人だけで日本人を取り返すことは、まず不可能。交渉の場には、「救う会」会長の西岡力《つとむ》教授や「予備役ブルーリボンの会」代表の荒木和博教授など、朝鮮問題の専門家も参加させるべきだろう。

拉致問題は、日本という国家、主権、領土を侵された、最も重大な事件である。日本に密かに上陸して日本人をさらっていくという北朝鮮の行為は、明らかに「宣戦布告のない侵略行為」である。これに対して何も行動せず、アメリカや国連に「なんとかしてください」と頼み込む日本という国は、本当にみっともない。

防衛省は毎年、立派な『防衛白書　日本の防衛』という本を発行しているが、不思議なことに、北朝鮮による日本人拉致問題については、ほとんど書かれていない。国民の命と財産を守る意思を防衛省は持ち合わせていないのかと疑りたくなる。

令和二年、予備役ブルーリボンの会の前幹事長を務めた伊藤祐靖氏（海上自衛隊特殊部隊初代先任小隊長、元中佐）が大変興味深い小説を書き、新潮社から発売されてベストセラーになっている（『邦人奪還：自衛隊特殊部隊が動くとき』）。

本書は、北朝鮮に拉致された日本人を奪還するために、潜水艦で接近して北朝鮮に密かに上陸し、戦闘のすえ六名の拉致された日本人を救い出す物語で、一気読みできるアクション小説である。主人公たちは困難なミッションを遂行したが、海上自衛隊の特殊部隊五名、陸上自衛隊の特殊部隊二一名を失う。この小説のように、物事は簡単にいかないのだ。特殊な任務には犠牲が伴うことが多い。それでも、日本が独立国家であるならば、果敢に行動しなければならないのである。

北朝鮮から日本に漂着する大量の不審船

令和二年の秋以降は止まっているが、例年冬は、北朝鮮からの不審船や難破船の日本への漂着が、おびただしい。ほとんどが、みすぼらしい小さな木造船で、無人ないしは遺体が乗っており、時折、生きている人間も保護されている。漂着した北朝鮮の船は、判明しているだけで三五〇隻を超える。船内に残された遺体も七〇体を超えた。

平成二九年一一月二三日、北朝鮮の木造船が秋田県由利本荘市の海岸に漂着して、乗組員八人が保護されるという事件が起きた。その五日後、北海道松前町の無人島に北朝鮮の船が着岸し、日本の漁民が立ち寄るために作られた建物から、保管されていたすべての物品を盗み、灯台のソーラーパネルまで盗んだところを、北海道警察のヘリに発見されて、乗組員一〇名が逮捕された。

だが、本当に恐ろしいのは、海岸に打ち上げられた三〇〇隻以上の「無人の」船だ。乗っていた北朝鮮の人間の中には、日本国内に上陸した者もいると思ってよいからだ。

彼らは、朝鮮総連の関係者や、北朝鮮が大好きな日本人が用意したアジトにかくまわれているかもしれない。そのうちの何人かは武器弾薬や麻薬を持ち込んだかもしれないし、漁民にまぎれたスパイや工作員かもしれない。こうした工作員が伝染病をまき散らしたり、破壊活動を起こしたりする恐れもある。

あるいは、過去たくさんやって来た北朝鮮や韓国からの密航者と同じように、徐々に日本社会に入り込み、生活するようになるかもしれない。なにしろ、彼らの顔つきは日本人とあまり変わらないし、日本のあらゆる産業は人手不足だから、生活にも困らない。こうした、北朝鮮からの密航者を積極的に助ける、日本人や朝鮮総連系の人たちも多いようだ。

このような、日本の安全や主権が脅かされるような事態が目の前で起こっていても、不思議なことに、日本のマスコミや大半の日本人は、大騒ぎをしない。莫大な日本人の税金を使ってこれらの船を処分し、遺体を火葬しているというのに。

こうした、押し寄せる北朝鮮からの不審船については、草思社から出版された荒木和博氏の『北朝鮮の漂着船』を、ぜひ読んでいただきたい。彼は、平成一〇年から平成三〇年まで、日本に漂着した北朝鮮からの漂着船を、くまなく調べている。その数三二四隻。船の大きさ、破損状態、遺留品から、遺体の状況まで、実に綿密に調査を続けている。荒木和博氏は、拓殖大学教授であり元予備自衛官陸曹長（専門は朝鮮語）。「予備役ブルーリボンの会」代表、特定失踪者問題調査会代表を務め、早くから、北朝鮮に拉致された日本人を救出するための活動を積極果敢に繰り広げている。

外国では犠牲を払ってでも自国民を救う

たくさんの日本人が北朝鮮に拉致され、連れ去られてから半世紀以上になる。不思議なことに、国を守る自衛隊は何も行動せず、警察も、犯人や共犯者の存在が分かっていても逮捕しない。それどころか、日本の外務省は北朝鮮をかばうような行動すらしている。要するに、日本の役所は、面倒なこと、問題が国際的に拡散する事案に首を突っ込みたくないのだ。

やられたらやり返すというのが、人間社会だけでなく、あらゆる動物の本能なのに、日本人は、ひたすら沈黙を守っている。平和憲法は花のように美しく、世界に誇れるものだと言う日本人が多いが、美しい花ほど、はかなく散り去ってしまう。

一九九六年、現地時間の一二月一七日、ペルーの日本大使公邸がテロリスト集団に占拠され、二四人の日本人が四カ月も人質となった事件が発生した（ペルー日本大使公邸占拠事件）。この時も、平和をこよなく愛し、国を守ることから目をそらし続けていた日本政府は、何の行動もできなかった。大使館や公使館は日本の領土であるから、ここが襲われたなら、速やかに軍事行動でテロリストを排除するのが常識である。だが、日本はダラダラと四カ月間、何の行動も取らなかった。日本は自衛隊の特殊部隊どころか、警察の機動隊すら送らなかった。

業《ごう》を煮やしたペルーのアルベルト・フジモリ大統領は、密かにトンネルを掘り進めることを命令し、ペルー軍の特殊部隊を突入させて、日本人全員を救ってくれた。日系のフジモリ大統領の作戦は、サムライの血を引く男らしく、勇敢で知的だった。この時、ゲリラ一四人を殺害したが、ペルー人の判事一人、特殊部隊員二人も犠牲になった。この事件以来、ペルー人は「日本人は意気地なし」というイメージを抱くようになったと言われている。

北朝鮮に拉致された日本人を救出するために、国民はもっと声を出し、行動しなければならない。同胞を救うためには、時には血を流すことも覚悟すべきだ。それが世界の常識である。

「武威」がものをいう

「武威」とは、言葉ではなく、猛々しい武力を相手に示すこと。力を見せつけることである。

北朝鮮の工作員が易々と日本に上陸し、印刷工や電気工など、目的とする日本人を簡単に拉致して連れ去るということは、先にも触れた通り、日本国内に協力者がいるということである。朝鮮総連や日本社会党などが主張する左翼思想に染まった人間が、日本人を騙したり、あるいは力ずくで海岸に連れ出して、北朝鮮の工作員に引き渡してきたのだろう。拉致された日本人は袋に入れられ、小舟に乗せられ、沖合に待つ工作船に連れて行かれる。

連れ去られた日本人は、悲しみのどん底で生きていかなければならない。刑務所のような建物の中で、貧しい食事を与えられ、極寒の中や酷暑の中で、厳しい洗脳教育をされるのだ。反抗すると独房で特別教育をされるか、最悪の場合は処刑される。

われわれ普通の日本人にとって不思議なことは、反日テロ組織、拉致事件の総司令部と言われる朝鮮総連の本部が、いまだに東京千代田区の超一等地に大きなビルを持っていることだ。

東京の小平市には、日本のスパイを養成する、戦前の中野学校に相当する自衛隊の「小平学校」がある。なんとその小平市では、一〇〇億円以上の価値がある広大な土地を事実上朝鮮総連が所有し、朝鮮大学校などの幹部養成学校が運営されているのである。

日本は本当に甘い国だ。北朝鮮にほとんど好き勝手なことをさせているし、拉致被害者がいると分かっていても、羽をもがれた鳥のように、行動をしてこなかった。これがアメリカならどうする。ワシントンに「在米朝鮮総連」があり、アメリカ人が拉致されたことが分かったら、即座に総連本部を不許可にして、国から追放するはずだ。そしてすぐに海兵隊を派遣して、拉致されたアメリカ人を取り返すだろう。

昭和五〇年（一九七五）五月、カンボジア沖で、アメリカの貨物船が、カンボジア革命政府（クメール・ルージュ）の海軍に砲撃・拿捕された。米軍はすかさず海兵隊を派遣して攻撃。死者・行方不明者二一名の犠牲者を出しながら、最終的には乗員四〇名全員を救出した。

繰り返すようだが、これが世界の常識なのだ。それにひきかえ、日本は何をやってきたのだろう。拉致問題は、やられっぱなしでほとんど進捗なし。対話ばかりを続けては、カネを出し、コメまで出して拉致被害者を返してくださいと懇願する。本当に、みっともない国だ。これでは、北朝鮮に手玉に取られ続けるだけだ。

しかも、北朝鮮は拉致だけでなく、日本の闇組織に麻薬を売りつけて、がっぽり稼いでいるのだ。

平成九年には、北朝鮮の貨物船から覚醒剤五九キロが発見され、朝銀大阪の元理事長が逮捕された。平成一二年には、同じく北朝鮮ルートで覚醒剤二五〇キロもの膨大な量を密輸したとして、下関朝鮮初中級学校の元校長、曹奎聖《チョ・ギュソン》が指名手配されている。最近、有名なタレントが麻薬を使用して逮捕される事件が多いが、これらの麻薬の多くは、北朝鮮製と言われている。

日本も世界の常識にならい、北朝鮮に拉致されている日本人を救出するために、自衛隊を活用すべきだ。先にも述べた通り、北朝鮮が国際法を無視して日本国内に侵入し、大切な国民をさらって行ったのは明らかに侵略行為である。だから、自衛隊は行動を起こすべきだ。取られたら取り返すのは当たり前。自衛隊の使命は、国家の主権、領土、国民を守ることにあるのだ。

北朝鮮は、ハナから日本の外務省をバカにしているので、彼ら役人が何を言っても、拉致被害者を返すわけがない。だが、軍隊である自衛隊が動けば、相手も真剣になって対応してくるはず。その上で、自衛隊にもかなりの犠牲者が出ることを覚悟しながら、邦人奪還の準備、訓練を行うべきだ。

世の中「金がモノを言う」が、北朝鮮には「武威がモノを言う」。

「犠牲者が出ても拉致被害者を奪還すべき」というサムライたち

北朝鮮は完璧な軍事独裁国家である。男女ともに徴兵制のあるイスラエルの軍事体制よりも厳しく、兵員の数も多い。ただし、国家への忠誠心や訓練内容、戦術などは、イスラエル軍よりも劣っていると見られている。自由はなく、食生活があまりに悪いため、体制に対して激しい反発心を持っていたり、厭戦的な思いを抱いたりしている者も多いらしい。もちろん大半の国民は、じっと無言のまま、現状に耐え続けている。少しでも体制に批判的な言動を見せると、地獄のような収容所に送り込まれるからだ。それでも、北朝鮮の兵力の頭数だけは、すごいものがある。

このような北朝鮮に対し、日本人を救うためなら自分が犠牲になってもいいと、悲壮な覚悟を持っている自衛官も多い。また、多くの予備自衛官や予備役ブルーリボンの会の仲間たち、そして年老いた私も、そう思っている一人である。同じ思いを共有する、荒谷卓元陸上自衛隊特殊作戦群初代群長は、こう言う。

「力で拉致被害者を奪還する覚悟を持つ自衛官は動くべきだ。二〇人の日本人を救うために五〇人の自衛官が犠牲になるかもしれない、作戦には失敗もある。その時は、自分たちのやり方が悪いと、諦《あきら》めるしかない。他人を恨んだりする必要はない。北朝鮮の工作員は、決死の覚悟で日本人を拉致していった。彼らと戦う場合、自衛隊員は彼らに負けない正義感と決死の覚悟で行動しなければならない。死に直面しても、正義を貫き通す強い精神的支柱をそなえた戦闘員でなければならない」

荒谷は、こうした厳しいミッションを完遂するための技術と心構えを、第一空挺団だけでなく、ドイツ連邦軍指揮大学で三年間、アメリカ特殊作戦学校（グリーンベレー）で二年間にわたり、命を張って学んできた。そして習志野第一空挺団で、日本で初めての特殊作戦群を立ち上げ、初代の群長となった。荒谷は自衛隊の中に、不可能に近い困難な使命《ミッション》を実行できる戦闘のプロ、多くの屈強な戦士を育ててきた。民間に去った今も、訓練に余念がない。

荒谷から学んだ隊員たちは、日本の危機を救うために行動すべく、誇りある武士道の精神を頑《かたく》なに守り続けている。彼らは、命令が下されれば、いつでもどこでも命をかけて行動する覚悟を持って生きているのだ。

15　ロシアに盗まれたままの北方領土

現在の日本で、最も大きな未解決の問題の一つは、ロシアに不法占拠されたままの北方領土の存在である。日本は何度も返還を主張してきた。だが、ロシア（ソ連）によって悪辣《あくらつ》非道な方法で、大切な日本の島々を奪われたままなのである。ロシアは言う。「これはソ連兵が戦争で血を流して獲得した貴重な領土だから、日本に渡すことなどできない」と。

とんでもない詭弁だ。実際には、日本が第二次世界大戦でアメリカに降伏し、昭和二〇年八月一五日にポツダム宣言を受諾して終戦（敗戦）になったとたん、ソ連が「日ソ中立条約」を勝手に破棄して、丸腰になった満洲、樺太《からふと》、そして北方領土に攻め込んできたのである。

千島列島最北端の占守島《しゅむしゅとう》（司令官、樋口季一郎中将）では、終戦を認めた天皇の詔勅に従い、日本軍が武装解除の準備を進めていた。そこへ突然、ソ連軍が攻撃してきたのだ。日本軍は慌てて再武装を行い、攻め込んできたソ連軍と峻烈な激戦を繰り広げ、逆にソ連軍をコテンパンに叩き潰した。たった三日間の戦闘で、ソ連軍は約三千人の死傷者を出し、日本軍の損傷は軽微だった。ソ連政府の機関紙イズベスチヤはこう書いた。「占守島の戦いは、満洲、朝鮮による戦闘よりも、はるかに損害が甚大であった。八月一九日は、ソ連人民にとって悲しみの日である」

しかし、日本本土は敗戦を受け入れているので、精強な日本軍は再度の武装解除をして、粛々とソ連軍に降伏した。占守島で勝った日本軍は、負けたソ連軍に武器弾薬を献上するという、実にバカバカしいことを強制されたのだ。投降した日本兵の大半は、シベリアに奴隷として連れ去られた。

この占守島では日本軍は抵抗できた。だが、他の島々でのソ連軍のやりかたは、あたかも強盗団が無防備の老人ホームに侵入し、か弱い老人たちを殴りつけて縛り上げ、ありったけの金品を奪って、堂々と「この老人ホームは俺たちのものだから文句を言うな」と宣《のたま》うような、そんな非道なやり方を繰り広げていた。日本が敗戦を認めて丸腰になったとたん、侵略して財産を奪う。これこそ、「火事場泥棒」である。

さらには八月二二日、樺太から民間人を乗せて日本へ引き揚げてきた「小笠原丸」「第二新興丸」「泰東丸」の三船が、北海道の留萌《るもい》沖でソ連の潜水艦からの攻撃で撃沈され、一七〇八人が死亡するという悲劇があった。また、満洲から日本に帰る途中では、鬼畜のようなソ連兵に日本人の女子供が襲われ、レイプされ、金品を奪われて、約二〇万人が犠牲になったと言われている。

ソ連共産党スターリンの命令による北方領土侵攻は、明らかな「犯罪」であり、国際条約違反である。これは、「大西洋憲章」に明記されている「領土不拡大」という条項に違反する強盗行為である。ソ連軍は、日本の土地や財産や人命を奪っただけでなく、六〇万人以上の日本人男性を極寒のシベリアに拉致し、奴隷として酷使した。シベリアに拉致抑留された日本人のうち、七万人以上が飢えと寒さと病気のため、無念の死を遂げた。満洲、樺太、北方領土などでソ連共産軍が日本人に対して行った、殺人、略奪、暴行、強姦などの残虐非道を、日本人は忘れることができない。

北方領土は四島だけではない

私の故郷は北海道東部、知床半島の付け根にある、清里という小さな美しい町である。町の裏には知床連山の秀嶺、斜里岳（一五四七メートル）が、そびえている。この山の頂上に登ると、知床半島と並行するように、大きな国後島《くなしりとう》が、くっきりと見える。国後や択捉《えとろふ》は、豊かな漁業と温泉の島で、早くから日本人が住み着き、開拓していた。根室半島から国後島の南端までは、わずか三〇キロの距離だ。

私が学んだ小学校と中学校の同級生には、大陸や樺太からの引揚者の子供たちがたくさんいた。ほとんどが着のみ着のまま、追われるように帰国したので、みんな貧しかった。それでも、とても明るく元気がよかった。中には、温禰古丹（おんねこたん）とか幌筵（ぱらむしる）という、千島列島の中に点在する、ほとんど聞いたことがない島の出身もいた。

かつて、カムチャッカ半島に続く長い千島列島の島々のすべてと、南樺太は日本固有の領土であった。樺太は、日本人の間宮林蔵が発見し、ロシア大陸と樺太を分ける海は間宮海峡と名付けられた。

戦後、サンフランシスコ講和条約（一九五一年）によって、日本は南樺太と千島列島を放棄した。しかも、そもそも北方四島は千島列島に含まれていない。そして、ソ連がこの条約に署名しなかったため、帰属は不明のまま。帰属不明であるのだから、北方四島だけでなく、全千島列島と南樺太も日本の領土として認めるべきであろう。

今、樺太や千島列島出身の人たちは、生まれ育った島を追い出され、先祖のお墓参りにも、簡単には行くことができない。悲しいことだ。私には、国を追われたパレスチナ人、チベット人やウイグル人と重なって見える。

北方領土を取りもどせ

先述したように、日本固有の北方領土は、日本の敗戦のどさくさに紛れて、当時のソ連によって盗まれたのである。大国ロシアらしからぬ、どこから見ても恥ずかしい行為である。先にも触れた通り、領土不拡散をうたった大西洋憲章（一九四一年）やカイロ宣言（四三年）にも違反している。これらの条文には、ソ連のスターリンも署名しているのだから、北方領土をすぐ日本に返すべきだ。

ちなみに、カイロ宣言の文言をよく読めば、ソ連の北方領土占領は、明らかに違法であることがよく分かる（They convey no gain for themselves and have no thought of territorial expansion.〔同盟国は自国のためには利益を求めず、また領土拡張の念を持たない〕とある）。

ソ連は、この宣言にサインしていながら、日本から北方領土を奪ったのである。

まあ、米英仏独日という、資本主義国家を仲たがいさせて戦争に追い込んだ、スターリンをはじめとする共産党ソ連指導部の非道で狡猾な戦略には驚嘆するが、日本人は、ロシア人の個人個人は、案外素朴な人が多いことを知っている。チャイコフスキー、ラフマニノフ、ストラビンスキー、ボロディンなどの大作曲家。プーシキン、ドストエフスキー、トルストイ、ツルゲーネフなどの世界的な文学者。その他、大勢の芸術家を輩出してきた。そんなロシア人を尊敬する日本人は多い。しかし、そんなロシア人も、共産主義の世界に住むようになると、性格が変わるようだ。

もともと質素で、美を愛するロシア人であっても、いったん戦争になると野獣のように粗暴になり、女と見ると見境《みさかい》なくレイプした。たくさんの日本人女性が、こうしたロシア人の犠牲になった。

問題は、共産主義指導者のリーダーであるスターリンの犯罪だ。ドイツとの戦争、ポーランドにおける虐殺、バルト三国への侵攻、満洲や北方領土への侵攻と虐殺、シベリアへの連行。戦後も、朝鮮半島を分断し、金日成《キム・イルソン》を朝鮮のリーダーとして送り込み、朝鮮戦争を起こさせた。さらには、共産主義に批判的なロシア人を二千万人も粛清している。こんなに血に飢えた男が、世界のリーダーの一人だったのである。この冷酷なスターリンが、「日ソ中立条約」を破って対日参戦し、日本の北方領土を広大なロシアの版図に入れてしまった。それだけではない、北海道の北半分も、ソ連の領土にする計画だった。

ロシアの文豪で、ノーベル賞を受けたソルジェニーツィンは、はっきりとこう書いている。

「北方領土は日本のもの、スターリンの侵略で奪い取った」(『廃墟のなかのロシア』草思社)

現代のロシア人と会話すると、決まって「スターリンはひどい男だった」と言う。ならば、そんなひどい男が不法に奪った北方領土は、日本に返すべきだろう。その代わり、北方領土が日本に戻ったならば、現在、島に住んでいるロシア人は、日本人と一緒に仕事や生活をすることができる、という条件を考慮してもいいかも、などと考えることがある。

かつて一度だけ、北方領土を取り返すチャンスがあった。一九九一年の「ソ連崩壊」である。この混乱した時に、日本は強く北方領土全体の返還を要求すべきであった。そうすれば、四島くらいは返してくれたかもしれない。しかし残念ながら日本の外務省は、そんな行動を取らなかった。

かつて、前出の「予備自衛官善政同志会」は、「ソ連は、不法に占領している北方領土すべてを日本に返せ」と書いた千島全島と樺太の地図入りポスターを、都内に貼ったり、ロシア大使館に送りつけたりしたことがある。

ある時、私は五人の仲間と、朝霞で開催された自衛隊中央観閲式の式典前夜、このポスターを、式場に向かう道路の両側に、たくさん貼り付けたことがある。たぶん二〇〇枚ほどだったと思う。貼り終わったのは、深夜の二時半ごろだった。中央式典を見に来る何万もの人がこのポスターを見て、北方領土は四島だけではないということを分かってくれる、総理大臣や防衛庁長官の目に留まるかもしれない、そう思うと嬉しさに胸が躍った。

しかし、仮眠をとって早朝、現場を見に行って驚いた。ポスターはすべて剥《は》がされ、一枚も残っていなかったのだ。左翼が貼った「憲法違反の自衛隊パレード反対」のビラは、そのまま残されているのに、である。われわれは、ショックでその場に座り込んでしまった。

外部と問題を起こしたくない現役の自衛官によって剥がされたことは、容易に想像がついた。ポスターに書かれていた「予備自衛官」の名称が、防衛庁（当時）という役所の、お気に召さなかったのだろう。

実際、数日後に、知人の現職自衛官から電話があった。「あんたがたの行動を見ていたよ。あれはマズい。『予備自衛官 善政同志会』という名前が目立ちすぎるポスターだ。申しわけないと思ったが、あんたがたが帰った後で、数人で剥がしたよ。今後、あのようなことはやめた方がいい。自衛官は政治活動をしてはならない、という決まりに抵触するからね」とのことだった。

北方領土返還運動も、拉致被害者奪還運動も、たとえ予備自衛官であろうと、政治活動だからやめてほしい、というのが、防衛省の役人たちの意識なのだ。保身と官僚化の防衛省は情けない。

16 自虐史観にサヨナラを

「極悪人の軍部が天皇を利用し、国民を騙して無謀な戦争に突っ走った。そしてアジアの国々を侵略して植民地にした。その結果、日本は悲惨な敗戦を迎え、国民は塗炭の苦しみを味わった。軍国主義の日本が世界中に迷惑をかけた。日本は悪い国だった。特に悪いのは日本の軍隊だった」

戦後、日本人の大半が、日教組、朝日新聞、NHKなどから、このように教えられてきた。だから今なお大半の日本人は、自分の国に誇りを持てない。そして、憲法違反と言われながら、誰かに遠慮しながら、自衛隊という名の小さな軍隊を保持してきた。

日本が、アメリカ製の憲法にがんじがらめにされ、国軍を持つことを許されない国家になって、七〇年以上になる。国歌である「君が代」が歌われる場面は少なく、国旗である「日の丸」を掲揚する家庭も少ない。

戦後、日本がアメリカに占領された直後から、GHQによる対日弱体化計画が始まった。その計画とは、「WGIP（ウォー・ギルト・インフォメーション・プログラム）」と呼ばれるものである。日本人の愛国心と、相互に助け合う道義の心を破壊し、天皇と歴史を尊重する精神を、根本から否定させることである。これは、一つの民族の価値観を変えるという、壮大な計画だった。そして、「白人国家に戦いを挑んだ日本は悪い国。アメリカは自由で平和を愛する素晴らしい国」という意識を日本人に植えつけた。

しかし実際は違う。アジアにおける戦争というのは、アメリカのルーズベルト大統領とソ連のスターリンの罠に日本が引きずり込まれ、それが大東亜戦争に発展して、日本が敗戦した、というものである。もともと日本は争いを好まなかった。一方、アメリカの指導部は有色人種を侮蔑し、徹底的に差別をしていた。特に、勤勉な日本人を疎《うと》み、ルーズベルト大統領は、一二万人以上の日系人を、不毛な砂漠地帯の強制収容所に入れるという非人道的な命令を出したのだ。おとなしい日本人の忍耐が切れてアメリカを攻撃するように、誘導を始めたのだ。

まず、ABCDラインという日本包囲網を作り、日本への石油、鉄鉱石、ゴム、スズなどの禁輸を始めた。日本は、これらの資源がなければ生きていけない。「窮鼠《きゅうそ》猫を噛む」という言葉があるが、これによって日本はやむをえず、大東亜戦争を始めたのである。ABCDラインとは、Aはアメリカ、Bはブリテン（イギリス）、Cはチャイナ（中国）、Dはダッチ（オランダ）のことで、この四カ国が日本を取り囲むように経済制裁を行ったのだ。

当時、戦争をしたくてうずうずしていたアメリカのルーズベルト大統領は、有色人種の日本をいじめ続け、耐えきれなくなった日本が牙をむいてくるように謀《はか》っていた。だからこそ、ルーズベルトは日本の真珠湾攻撃の一カ月半も前に、戦闘機一〇〇機を中国に派遣して密かに訓練をしていたのである（フライングタイガー部隊）。

国内からは一滴も石油の出ない日本に石油が入ってこなければ、日本は生きていけない。それどころかアメリカは、日本が進出して開発している満洲や台湾、インドシナなどから、すべて撤退せよ、と通告してきた。これはもはや宣戦布告のようなものだ。こうして堪忍袋の緒が切れた日本は、やむなく真珠湾を攻撃し、大東亜戦争に突入したのである。

まず日本軍は、オランダが三五〇年間も植民地にしてきたインドネシアに侵攻してオランダ軍を降伏させ、収容されている独立運動家のスカルノとハッタを釈放させた。石油を豊富に産出するインドネシア・スマトラ島のパレンバンに日本軍はパラシュート降下して、激戦の末に油田を確保した。これによって約四年間、戦争を続けることができた（終戦後も、多くの日本兵がインドネシア独立戦争に参加した）。

だが、戦域が拡大するに従い、戦局は悪化して、日本は結局、物量の豊かなアメリカに負けた。しかし、アジアを植民地にしていた他の白人国（イギリス、フランス、オランダ）には勝つことができ、その結果、アジアの国々は、三〇〇年以上にわたって自国を植民地にしていた宗主国をアジアから撤退させて、独立を勝ち得たのである。

このような「アジア解放」という偉業を成しえた日本の功績を、アメリカ占領軍のＧＨＱは、マスコミや教科書に載せることを許さなかった。有色人種は、あくまでも白人より劣っていなければならない。だからアメリカは、日本を悪者にしなければならなかったのだ。

日本の新聞、ラジオ、雑誌、教科書などは、すべてアメリカ占領軍のＧＨＱから検閲を受け、少しでも「日本は正しかった、日本軍は強かった」などと書いた記事は削除された。かの朝日新聞も、アメリカの横暴について書いたとたん、発行停止の命令を受けた。それ以降、ガラリと筆法を左傾化し、現在に続いている。皇室についても一一の宮家を廃止し、神道や武道や伝統芸能を不許可にし、日本を誇るようなことが書かれた歴史書など七七〇〇点の書籍を没収し、事実上の焚書《ふんしょ》にした。

ＧＨＱのやり方は巧妙だった。まずは日本の報道機関を徹底的に洗脳して、徹頭徹尾、日本軍や日本政府が悪かったことにし、戦後の民主革命は占領軍から押しつけられたのではなく、日本人自らが行ったように錯覚させたのだ。そうした自虐史観を日本人に植えつける「道具」となったのは、日教組、朝日新聞、ＮＨＫ、日本社会党などの左翼団体である。

言葉についても同様である。ＧＨＱの強制に従って、先の戦争をさす「大東亜戦争」という名称の代わりに「太平洋戦争」と言い、それがすっかり戦後の日本に定着してしまった。われわれが抗議しても、ＮＨＫは何を恐れているのか、大東亜戦争という名称は絶対に使わず、今も太平洋戦争の名称を使い続けている。

しかし、ビルマやマレー、満洲など、太平洋から遠く離れた地域での戦争まで太平洋戦争と言うのは、どう考えてもおかしい。ＮＨＫをはじめとするメディア各社は間違っている。アジアの内陸がどう見ても太平洋ではないということは、中学生でも分かるはず。であるから、先の戦争の名称は「大東亜戦争」または「第二次世界大戦」、さもなくば「アジア太平洋戦争」と呼ぶべきだ。私はやはり、当時の日本政府が正式に閣議決定した名称である「大東亜戦争」が一番いいと思っている。

しかし何といっても、強い日本人から牙を抜くためにＧＨＱが最もうまく工作したのは、日本国憲法の押し付けである。GHQは、この憲法を「平和憲法」と呼ぶことをマスコミに誘導し、成功した。しかし何度も言うように、この憲法は、日本国の歴史や伝統のことが一言も書かれていない、日本人の両手両足を自ら縛り上げるための屈辱憲法である。

このような経緯をへて、日本人は「戦うことをやめた素晴らしい憲法」を後生大事にするようになり、自らの財産、生命、国土、家族までも他人に守ってもらうということを、恥ずかしいと思わなくなったのだ。アメリカ製の憲法は、確実に日本の中に浸透し、日本国民を怠惰にし、卑怯者にしてしまった。当時、この憲法成立の成り行きを身近に見ていた白洲次郎は、「かくのごとくして、この敗戦最露出の憲法は生まる。『今に見ていろ』という気持ち抑えきれず、ひそかに涙す」と手記に書いた。

平成二八年（二〇一六）、アメリカのバイデン副大統領（当時）が演説で「日本国憲法は、われわれが書いた」と発言した時、日本の左翼マスコミは大いに困惑した。彼らは、あくまでも平和憲法は日本人によって作られたものであり、戦争を二度としないために、現行憲法をそのまま守るべき、との風潮を変えたくなかったのだ。

だが、最近のアメリカ人は、こうした日本人に戸惑っているという。日本人は、あまりにも自虐的で、あまりにもアメリカに従属的だからだ。アメリカは、戦争で日本に勝ったので、占領憲法として急遽《きゅうきょ》、現行の日本国憲法を暫定的に作った。当然、昭和二六年（一九五一）九月に講和条約が締結して日本占領が終われば、すぐに日本人による憲法が作られるものと思っていた。それが、一語一句も変えないまま日本人は「ああ良い憲法だ、この憲法があれば平和が保たれる」と信じて現在に至っている。言うなれば、日本は白痴に近い、おめでたい国になってしまったのだ。同盟国のアメリカは最近、そんな平和ボケした日本と日本人を逆に心配してくれるようになった。かなりの数のアメリカのインテリは、日本は自分の国を自分で守るための自主憲法を持ちなさいと発言している。

戦勝国が敗戦国を裁いた「東京裁判」

戦後、市ヶ谷における東京裁判（極東国際軍事裁判）で、多くの日本軍人や政治家が裁かれた。罪状は「平和に対する罪」。こんなバカげた罪状は、世界史の中、どこにもない。戦争を吹っかけてきた国が負けた国を裁くなどバカげている。そして、ありもしない南京虐殺、強制連行、従軍慰安婦、バターン死の行進などをでっちあげて、日本人を罪人にして処刑した。

もしもこれが中立で公正な裁判なら、当然、広島と長崎の原爆投下、東京など六〇カ所以上の大都市への空襲など、アメリカ軍による一般市民への無差別大量虐殺も裁判されるべきだろう。アジア・アフリカ諸国を植民地にし、黒人を奴隷として売買し、有色人種に対しても暴虐の歴史を繰り返したアメリカ、イギリス、フランス、オランダなども裁かれるべきだろう。

アメリカは結局、A級・B級・C級の戦犯を勝手に決めて、多くの日本人の政治家や軍人を拘束し、約千人を絞首刑にした。

この裁判の中にも、まともな判事がいた。有色人種のインドから派遣された判事のパール博士だ。パール判事は、「この裁判は茶番であり、裁かれるのはアメリカやイギリスの白人国であって、やむなく戦争を行った日本は無罪である」と主張した。

また、フランスのベルナール判事も「弁護側の主張を聞き入れない裁判は不公正である」と主張した。弁護側にはアメリカのブレイクニーがいて、この裁判は復讐のためであるから無効である、と述べたが、裁判官たちは、パール判事やベルナール判事、そしてブレイクニー弁護人の意見陳述を無視した。

こうしたパール博士や、弁護士の清瀬一郎の主張のように、「日本には戦犯＝戦争犯罪人はいなかった。アメリカが勝手にA、B、Cの戦犯をでっち上げた」のが真実である。だが結局、この裁判では日本だけが「悪者」にされ、アメリカ＝善、日本＝悪という意識が、日本中を覆うことになる。

その後もGHQはプレスコードで、マスコミによるアメリカ批判をいっさい不許可にして、日本を骨抜きにした。そして、二度と白人国家に刃向かうことがないよう、アメリカ流の民主主義を与え続け、古くから日本人が守り続けた武士道や道徳を捨てることを強要し、3S（スクリーン＝映画、スポーツ、セックス）を奨励した。学校は男女共学にして、男らしく戦うことや愛国心といったものを否定させた。すると驚くことに、マスコミを筆頭として日本人自らが、あの戦争は無謀で侵略だった、日本が悪かったと言い出した。GHQは大いに喜び、日本人の精神解体がうまくいっていることに満足した。何といっても、広島の平和記念公園に「安らかに眠って下さい　過ちは繰返しませぬから」という碑を建て、原爆記念日には日本人の総理大臣までが頭を下げるようになったのだ。GHQの幹部連中は大いに喜び、原爆投下の記念日にビールで乾杯するようになった。

原爆を落として数多くの無辜《むこ》の民を殺したアメリカが謝罪しないで、落とされた日本が「すみませんでした」と謝罪する。こんなバカなことがまかり通っているのが戦後の日本なのだ。

世界の人たちは、広島と長崎の惨事について気の毒に思っても、平和記念公園の「過ちは繰返しませぬから」の碑を見たとたん、バカじゃなかろかと思うらしい。私自身、広島から帰ってきたインド人とアメリカ人の友人から、直接聞いた。彼らは、「あの記念碑は変だ。日本人はよく分からない人種だ」と言う。先ほどの、東京裁判で日本は無罪と主張したインドのパール博士は、この広島の碑文を見て、こう怒ったそうだ。「これは原爆を落としたワシントンに建てるべきだ」と。

多くの日本人が「核兵器反対」と叫び続けているが、世界の戦略核兵器の数は増え続けている。以下は、令和三年現在の、核兵器保持国と核弾頭保有数である。

ロシア	四三一〇発
アメリカ	三八〇〇発
イギリス	一九五発
フランス	二九〇発
中　国	三二〇発
イスラエル	九〇発
インド	一五〇発
パキスタン	一六〇発
北朝鮮	三五発

九条信者さんたちは、対話が好きらしいので、ぜひ、これらの国を訪問して「核弾頭を破棄してく

ださい！」と叫んできてほしい。これらの国の一カ国でも「ハイ分かりました。核兵器を捨てます」と言わせることができたなら、ノーベル賞だ。たぶん生きて帰れないだろうが。

このように、GHQが日本国民に打ち込んだ「平和」と「民主主義」という麻薬は、純粋な日本人に早々と効き始め、今も多くの日本人は、「平和」という甘い酩酊に酔い続けている。その結果、韓国や中国から批判されると、ぺこぺこと謝罪し、要求されるままに、途方もない金を払ってきた。それでも日本人は、「相手の言い分を尊重して譲歩すれば、友好が保たれる」と勘違いし続けている。

日本人は、今でもGHQの言いなりのまま、愛国心を捨て、国防を捨て、国旗や国歌に敬意を払わず、ただひたすらに金儲けに邁進《まいしん》してきた。そして、他国から与えられた憲法を後生大事に守り続けている。小学校や中学校の教科書に「自分の国は悪い国」と平気で書くのは、世界中で日本だけだ。教師は「お前たちのおじいちゃんは強姦魔で殺人者だ」という信じられない教育を行ってきた。

もっとも、先述の通り、最近のアメリカ人たちは、そんな自虐的な日本人を気味悪いと思うようになったらしいが。

気品を愛する民族

日本人は古来より美しいものを愛する、誇り高く高貴な民族だった。歴史上なんども、英仏露米などの大国が軍事力をもって日本を侵略しようとしたが、途中で諦めざるを得なかった。世界の四分の一まで領土を広げたイギリスも、日本だけは植民地にできなかった。あの強大な蒙古軍を二度までコテンパンに叩いて敗走させた、勇敢で強いサムライの日本。

白人たちは、いざ戦いになったら自分を捨ててでも戦い続ける、武士道を持った日本とは戦いたくないと思った。白人たちは、日本が勇敢に外国人と戦った生麦事件、堺事件、薩英戦争、日清戦争、日露戦争、大東亜戦争のことを、よく知っているのだ。

私たちは今こそ、まやかしの自虐史観を捨てて、日本人としての誇りと自信と気品を取りもどそうではないか。まずは「日本は悪かった」などという見方を捨て、自分の国は自分たちで守るという、当たり前の意識を取りもどさなければならない。

日本人が自らの手で憲法を制定し、国旗や国歌に敬意を持ち、天皇陛下や大臣が堂々と靖國神社に参拝できるようになって、初めて日本は独立国家になるのである。もともと日本は、勇敢で正義感の強い、武士道の国である。日本は、他の国が逆立ちしてもまねできない、二六〇〇年以上続く皇室とともに歩んできた、君民一体の国なのである。卑怯を嫌う、清廉の民の国なのだ。

大東亜戦争で日本がアメリカ、イギリス、オランダ、フランスなどと戦った結果、三〇〇年以上続いた白人国家による植民地主義は終焉し、アジアの国々は独立できた。新興国の独立は、他のアジアの国々、アフリカ、中東、カリブ海に波及し、白人国家の圧政から独立を勝ち取ることになった。

日本は傷つきながら、世界史から「植民地主義」を消し去るという、大変な偉業を成し遂げたのである。日本人は、こうした真の歴史に目を向け、自虐史観を捨て去り、自信と誇りを取りもどすべきなのだ。

17　韓国人に教えたい本当の歴史

韓国は、口を開くと「日本は三六年間も韓国を植民地にした残虐な国だ。反省して謝罪せよ」と言う。だが、はっきり言って、日本は白人列強のように他国を植民地にしたことは一度もない。

日本は韓国（当時は朝鮮）を植民地にしたのではなく、合意の上で併合しただけである。植民地（Colonization）には、宗主国による略奪のイメージがある。一方、併合（Annexation）には、宗主国による持ち出しのイメージがある。

第二次世界大戦の終結まで、世界は白人列強による植民地だらけだった。アフリカや中東、中南米やカリブ海の国々の大半は、イギリス、フランス、ドイツ、アメリカ、オランダ、ベルギー、ポルトガルといった白人国家の植民地にされた。いっさいの主権はなく、植民地からとれる農産品や工業原料、石油や石炭などの資源は白人国家に持っていかれ、国民は悲惨で貧しい生活を強いられていた。アフリカの黒人は、家畜のように白人に売買されていた。

朝鮮の場合は、当時は世界最貧国（年収一人あたり八〇ドル）の扱いであり、めぼしい産業もなかったために、欧米列強がこの国に興味を示すことはなかった。

日本は、工業力や資源もない朝鮮に関わってもメリットはないものの、ロシアの南下を食い止めるためには、朝鮮とともに共同戦線を張る必要があった。それと、当時の朝鮮は中国（清）の属国であり、隣国として見るに忍びなく、独立してほしかった。そこで日本は朝鮮（当時は大韓帝国）を清国から引き離し、将来、独立してもらうために「日韓併合条約」（一九一〇年）を結んだのだ。日本の連邦として、第二次世界大戦が終わるまでそれは続いた。繰り返すが、あくまでも、朝鮮を植民地にしたのではなく、同意の上で併合をしたのだ。そして、ヒト、モノ、カネ、技術を、近代化のためにつぎ込んだ。

当時、多くの朝鮮の若者が、日本軍に志願した。優秀な者は陸軍士官学校に入ることが許され、洪《こう》思翊《しよく》や李垠《りぎん》殿下のように中将まで出世する者さえいた。また、朴正熙《パク・チョンヒ》のように、戦後、韓国の大統領までのぼり詰めた者もいる。

日本は、朝鮮の新しい指導者を作るために、東大、京大、東北大、九大、北大に次いで、京城帝国大学（ソウル大学校）を作った。

朝鮮人が朝鮮人を差別する「両班《ヤンバン》制度」を廃止し、日本と同じような義務教育の制度を開始して、三〇〇〇もの小学校、中学校を作り、国民の教養と識字率を高めることに成功した。もともとは漢字を使用していたが、自分たちの文字を使いなさいということで、ハングル文字を使うことを推奨し、それが今も続いている。にわかに信じられないだろうが、現代の韓国人が全員ハングル文字を使うようになったのは、こうした日本政府の強い指導があったからだ。

当時の朝鮮の身分階級制度は、ひどいものだった。日本にも士農工商という身分制度はあったが、奴隷制度はなかった。先にも少し触れたが、朝鮮には、まず両班（ヤンバン）という特権階級があり、彼らは労働はいっさいせず、政治と経済を牛耳っていた。その下に中人（チュンイン）、次に常民（サンミン）、最下位には、賤民（チョンミン）、奴婢（ノビ）、白丁（ペクチョン）と呼ばれる人たちがいた。この、最下位に属する奴婢は、アメリカの黒人奴隷と同じような身分だった。

そこで当時の日本政府は、朝鮮に定着している、こうしたバカげた身分制度をやめさせて、病院、港湾、道路、上下水道などのインフラを作り上げ、朝鮮は短期間で近代化することになる。一九〇〇年には、かの渋沢栄一の肝いりで京仁鉄道を完成させ、渋沢は高宗皇帝から勲章をもらっている。

農産物の生産も増え、比例して人口も倍増した。一九六〇年代以降は、急速に経済を発展させ、今でこそ韓国人は、それを「漢江《ハンガン》の奇跡」などと自慢するが、そのために日本は、二三兆円もの投資をしたと言われている。

韓国は日本に感謝すべき

冒頭でも述べたように、今も多くの韓国人が、三六年間も韓国を植民地にした日本はケシカラン、この恨みは千年忘れないと言う。「植民地？」冗談でしょう。繰り返すように、あれは絶対に植民地ではない。両国同意の「併合」だったのだ。白人列強が行ったような、軍事力で有無を言わさず植民地にしたのではなく、「日韓議定書」など三度にわたる「日韓協定」を結び、話し合いの末に日韓は併合されたのである。併合は、当時の世界状況から、日本にとっても韓国（大韓帝国）にとっても、やむを得ない方策だったのだ。ではここで、もう少し詳しく、当時の状況を説明してみることにする。まず、「一進会」という当時の韓国内の最大の社会集団があり、韓国が近代化して生き延びていくためには「併合」やむなしと、しつこいほど積極的に日本に要請してきた。

朝鮮は約五〇〇年にわたって中国の属国であり、清の軍隊が漢城（ソウル）に駐屯していた。総監は、清の袁世凱《えんせいがい》将軍だ。当時、朝鮮が完全に中国に占領されることを危惧した日本は、朝鮮を救うために軍を派遣し、日清戦争になった（一八九四年）。日本は清に勝ち、講和条約を結んだ（一八九五年）。条約は一般に「下関条約」と呼ばれ、次の条項が明記されている。

一、清国は朝鮮の独立を認めること
二、遼東半島、台湾、膨湖諸島を日本へ割譲すること
三、日本人は、各開市、開港場において製造業に従事できること
四、二億両《テール》の賠償金を日本に払うこと

このように、日本は日清戦争を実行してまで、韓国を独立させたのである。見方によっては、日本は韓国のために独立戦争を戦ったと言ってもよい。この日清戦争で、日本人は約一万三千人が戦死しているのだ。当時の韓国は、この日本の戦勝に大喜びをして、かつて中国の使者を迎えるために建てた「迎恩門」を取り壊して「独立門」を建てた。

現在の韓国の教科書は「日帝は李完用を中心にした親日内閣に対して、日帝に合併するような条約を強要し、ついに我が民族の国権を強奪した」と書いているらしいが、これは明らかに嘘である。先述したように、日本が犠牲を払い、韓国を清国から独立させ、国権を取りもどさせたのである。その後も朝鮮の人たちを豊かにするために、日本は莫大な金と技術を、無償でプレゼントしたのである。韓国は日本を恨むのではなく、むしろ感謝すべきだろう。

戦争が終わり、日本だって貧しかったにもかかわらず、日本は日韓関係の過去を清算し、新しい友好関係を結ぶために「日韓基本条約」を結んだ（一九六五年）。そして、日本は約八億ドルという大金を韓国に払った。これは当時の韓国の国家予算の二倍強の大金である。これで過去のすべてが清算されたことになり、韓国は一気に近代化し、一九八八年にはソウルオリンピックが開催された。

これが、歴史の真実である。プライドの高い韓国が、このように日本が払った努力や援助を認めたくないというのであれば、政治、経済、国防などの協力体制を、この際、いったんすべて解除する方がいいのかもしれない。日本は、韓国と思いきって断交し、「与えず、教えず、関わらず」でいくのだ。そうなると、困るのは韓国の方だろうが。

戦後の韓国は、豊かになるにつれ、傲慢無礼になり、目に余るほど反日の度合いが強くなった。竹島の占領、ありもしない従軍慰安婦や徴用工の宣伝、日本海という名称を東海に変えようとする動き、日本の皇室への侮辱、海上自衛隊の旭日旗掲揚反対、自衛隊対潜哨戒機へのレーダー照射、日本製品の不買運動、貿易交渉をめぐるＷＴＯへの提訴、ＧＳＯＭＩＡ（軍事情報包括保護協定）の廃棄など、日本人として看過できない事例は多いが、その大半は韓国発である。

韓国国内で日常的に行われる反日デモ。「日本人を殺せ」というプラカードを掲げ、日の丸を燃やし、小便をかけ、切り裂き、その上で鶏を殺す。そして、あろうことか、他国の国旗である日の丸を、国会議員が踏みつける。こんな国は、世界に自ら恥をさらす、民度の低い後進国と言われても仕方がない。そのくせ何かというと、反省しろ謝罪しろと言ってユスリタカリのように金をせびる。

こうしたことが繰り返され、多くの日本人は「enough（もう結構だ）」と思うようになった。本屋に行けば、嫌韓論、呆韓論、断韓論など、韓国を非難する本がたくさん並び、よく売れている。私自身も、かつては韓国が大好きで、何度も訪れ、親しい友人もできたが、今は招待されても行きたいとは思わなくなった。

韓国人は、朝から晩まで「反日」を叫び、それが民族のエネルギーになっているようだが、これだけはハッキリ言える。日本が韓国を三六年間併合しなければ、おそらく韓国はロシアの属国として、貧しいままだっただろう。あるいは、北朝鮮と同じような自由のない哀れな独裁国となっていたかもしれない。韓国人は、本当の歴史を学び、これまでの態度を反省し、日本への非礼を謝罪しなければならない。少なくとも、両班制度のような身分制度を廃止したことには感謝すべきだろう。

韓国人には、歴史を中庸的に見直し、冷静になり、日本や世界から信頼される国家になってほしいと、心から思う。もともとは、仲がよかった隣人なのだから。

それはそうと、一つだけ、韓国を羨《うらや》ましいと思うことがある。韓国では、軍の予備役が約三〇〇万人もいるのだ。対する日本の予備役は、たったの三万数千人。トホホ（涙）である。

18　日本の聖地 靖國神社

どこの国でも、祖国のために命を捨てた英雄を国家と国民が手厚く祀り、尊崇の念を示す聖地がある。戦没者墓地や無名戦士の墓と呼ばれ、アメリカには、ワシントン郊外にアーリントン国立墓地がある。日本の総理大臣がアメリカを訪問すると、必ず参拝する場所だ。いかなる国の元首や指導者でも、外国を訪問した際には、その国の戦没者を祀る墓地に詣で、花輪を捧げることが常識である。こうした英霊が眠る墓地は、広くて、静かで、美しい。

日本には、各地に招魂社（護國神社）があり、東京には靖國神社がある。靖國神社には、明治維新の英雄から大東亜戦争で散華された英霊、沖縄ひめゆり学徒隊、米軍の魚雷攻撃を受けて沈没した「対馬丸」に乗っていた一四八四人の子供たちの霊も祀られている。日本兵とともに戦って亡くなった、朝鮮や台湾の人の英霊も祀られている。日本のために殉じた約二五〇万人の英霊が、靖國の杜《もり》に眠っているのだ。

どこの国でも、国王や大統領などの元首は、国の重要な行事として、英霊が眠る国立墓地や祭壇に、ことあるごとに参拝する。だが、不思議なことに、日本だけは行われていない。これはおかしなことであり、国のために散華された英霊に対して失礼なことだ。それどころか、この日本の大切な聖地である靖國神社が国家で運営されておらず、一宗教法人として運営されているのである。こんな国は世界中どこにもない。

かつて昭和天皇は、毎年靖國神社に御親拝され、平成の天皇（現在の上皇陛下）も、皇太子時代に五回も参拝されている。総理大臣や閣僚も、昭和六〇年まで毎年参拝していたが、突然、朝日新聞と日本社会党（現在の社民党）がイチャモンを付けて中国政府に御注進。「それはよいことを教えてくれた」と、中国と韓国は「靖國神社参拝はケシカラン」と日本に抗議しはじめた。その中国に気を使って、当時の中曽根総理は、ピタッと参拝をやめてしまった。以降、総理大臣の靖國参拝中止は今も続いている。

その一つの理由は、「A級戦犯の合祀」である。しかし、中国も韓国も、それまでは何ら異議を唱えたり抗議をしたりしていなかった。昭和六〇年、朝日新聞が「A級戦犯が靖國に祀られ、それに対して公人である総理大臣が参拝するのはおかしい」と書きたててから、問題が大きくなったのだ。おかしいのは朝日新聞の方だ。朝日は、日本のために命を捧げた英霊に対して、感謝の気持ちや哀悼の意を持ち合わせない、哀れな新聞だ。

なお、朝日新聞が靖國参拝を批判してからも、橋本龍太郎総理は一回、小泉純一郎総理が六回、安倍晋三総理も一回、参拝している。

先述の通り、日本の敗戦後、占領軍による東京裁判が市ヶ谷で開廷された。その判決で、A級戦犯二八名、うち東條英機大将、広田広毅元首相など七名が絞首刑になった。判決理由は「平和に対する罪」という、意味不明な罪状である。また、BC戦犯も五七〇〇名が収監され、うち九三四名が絞首刑になったと言われている。こちらの罪状は「人道に対する罪」というバカげたものだ。

そもそも、戦争に勝った国が、負けた国を裁くこと自体、不当であり無効であるはずだ。そして、戦犯にA級もB級もC級もない。日本人全員が国のために命がけで戦ったのだ。広島と長崎に原爆を落とし、日本中の都市を空襲して民間人を何十万人も殺したアメリカの方が、「平和に対する罪」「人道に対する罪」を負うべきであろう。

インドネシア独立戦争を戦った日本人兵士が眠る
国立英雄墓地にて黙祷する著者（ジョグジャカルタ）

この裁判は、日本に対する復讐裁判と言われている。日本は、長いあいだアジアを植民地としていた白人国家に挑戦し、大半のアジアの国々が戦後独立してしまったからだ。つまり日本が果敢に戦い、犠牲を払ったおかげで、「植民地」という言葉が世界からほとんど消えたのである。日本は「歴史を変える」という、すごいことをやったのである。白人国家は、これを許せなかったのだ。

敵国によって絞首刑にされた人たちは、さぞ無念であったろう。彼らを靖國神社に手厚く祀るのは、日本人として、当然のことである。彼らは、市ヶ谷台という戦場で戦い、巣鴨で潔く散華されたのである。

もう一度言うが、おかしいのは朝日新聞であり、その朝日に踊らされて靖國神社に反対する中国と韓国は、もっとおかしい。内政干渉もはなはだしい。さらにおかしいのは、韓国や中国が嫌がるからという理由で、靖國に参拝しない国会議員の連中だ。

国に殉じた人々の霊に感謝し、尊崇の気持ちを表すことは、人間として当然のことである。それを行わなくなった日本人は、人間失格ではないかと思うことすらある。

評論家の江藤淳は『新版 靖國論集』(近代出版社)の中にこう書いた。「死者のことを考えなくなってしまっては、日本の文化は滅びてしまう」

国会議員たちは毎朝、靖國に参拝すべし

最近の日本の総理大臣は靖國に参拝しない。これは、公人としての義務違反ではないか。日本の国のために尊い命を捧げた人たちに感謝と尊崇の念を捧げることは、公人としての常識であろう。靖國に参拝すると、外国から批判され、マスコミから叩かれるので、国会議員の多くは、それが嫌で参拝しないらしい。日本の総理や閣僚は、それほど意気地がなくなったのか。世界の中で靖國参拝に反対しているのは、中国と韓国、あとは北朝鮮くらいで、他の世界一九〇カ国あまりは反対していない。だから、気にすることなく堂々と参拝すればよいのだ。

いっそ総理大臣や国会議員は、毎朝、議事堂に行く前に靖國に立ち寄って参拝したらどうか。身も心も清々《すがすが》しく明澄になることうけあいだ。毎日参拝すれば、さすがの中国や韓国も、諦めて反対や抗議

をしなくなるだろう。そうすれば、かつてのように天皇陛下も、粛々と、御親拝されるようになるはずだ。日本のために戦って散華された英霊がお喜びになるのは、日本人がこぞって靖國神社に参拝するようになることだ。

以下に、靖國神社の第八代宮司、湯澤貞《ただし》さんの言葉を紹介する。

建国の昔より東海の美しい列島に、我が国は独立して文化をはぐくんできた。

しかし、この独立は当然にしてあったのではない。大八州《おおやしま》と称されるこの国土には、歴史上、いくつもの戦いがあった。世界史の大きな潮流の中で、必死にこの国を守り支えてきた先人たちがいた。この国の自存独立が危うくなった時、つねに矛をとり第一線に赴いたつわものたちがいた。つわものたちは国家の命ずるところに殉じた。

国の鎮め。命をかけて国を護り、郷土を守り、家をまもり、近代日本の礎となった将兵たちのいさおしをたたえ、霊を慰め、安らかに鎮まるのを祈る所が靖國神社である。

19 ここがヘンだよ自衛隊

このタイトルで文章を書くにあたっては、躊躇することが多かった。わが愛する自衛隊を、真正面から批判することになるからだ。しかし、自衛隊のOBとして、「自衛隊よ、もっとしっかりしなさい」というエールの気持ちを込めて、現在の自衛隊の、おかしな点の一部を書き出してみた。

ただ、私は単なる下っ端《したっぱ》の下士官であり、防衛の専門家ではないので、もしかしたら間違ったことを書いているかもしれない。その場合は、どうかご寛恕いただきたい。

防衛大学校

毎年、防衛大学校の晴れの卒業式には、必ず総理大臣が出席して訓示を賜わり、立派な防人のリーダーとなる若者たちの旅立ちをお祝いする。そして、式の最後には全員で制帽を空中に投げ上げて、将校としての栄光への道を走り出すのだ。

初々《ういうい》しい高校生が神奈川県横須賀小原台の防大に入校し、四年間の規律正しい生活を送り、国防の基礎と指導者としての要諦をしっかり学び、若鮎のような指揮官として旅立つ、その卒業の日。皆、たくましくなり、姿勢がよく、顔つきも凛々しい。

防衛大学といえば、士官学校である。世界中、いかなる先進国でも、最高のエリート大学は士官学校であって、教養や学問に優れているだけでなく、体力や思想も健全でなければならない。戦前の日本の大学ランキングでは、一位が陸軍士官学校、二位が海軍兵学校、三位が東京大学だった。

つまり、どこの国でも、士官学校は光り輝く、国のリーダーを養成するための最高学府なのである。なんといっても、制服姿が凛々しくて、格好いい。

卒業生の多くは、プロフェッショナルな軍の指揮官だけでなく、大統領など、国の舵《かじ》とりを行う立場まで、のぼり詰める者も多い。アメリカ第一八代大統領のブラッド、第三四代大統領のアイゼンハワー、イギリスのチャーチル首相など。

私が昔アメリカにいたころ、若い女の子に一番人気があったのは、ウエストポイント（陸軍士官学校）だった。次がコロラドスプリングス（空軍士官学校）とアナポリス（海軍士官学校）、そのあとにハーバードやプリンストンなどのアイビーリーグの私立大学か、西海岸のスタンフォードが続く。

一方、現在の日本の士官学校は不思議である。この輝かしい士官学校（防衛大学校）を卒業しても、毎年必ず、任官を拒否する者が少なからずいるのだ。例えば令和元年度は、卒業生四七八名のうち、一割以上にあたる四九名が任官を辞退した。信じられないような数字である。防衛大学は、いったいどんな教育をしているのか。

軍人になるためのエリート教育を受けた防大生が、卒業と同時に、敵前逃亡のごとく、自衛官になることを拒否する。これは、どう見ても異状だし、世界に恥をさらすことになる。士官学校を卒業したなら、国のために軍人になることが、世界の常識だからである。

防衛大学は、国防がいかに大切か、そのための心構え、日本の武士《もののふ》の生き方、日本人としての誇りや自信についてなど、しっかりと教えているのだろうか。軍人が守らなければならない国土、文化、歴史などを、教えているのだろうか。旧軍から続く、誇り高い軍人としての生き方を説く「軍人勅諭」(島崎藤村などの著名な作家による軍隊の精神教育の基礎)を教えないのだろうか。

まさか反戦平和を教えているとは思わないが、ただなんとなくカリキュラムに沿った、おざなりの教育をし、マスコミや野党に批判されないような、当たりさわりのない精神教育しかしていないのではないか、などと疑ってしまう。

防衛大学を卒業したならば、若武者らしく意気揚々として、国防の任につくべきだ。それなのに、一割もの防大生が卒業証書を手にしたとたん、自衛隊ではなく、他の職業につく。そんなことは、原則として許されるべきでない。もちろん、肉体的、精神的に障害を持つようになったり、家庭の事情など、やむを得ないケースは例外だが。

日本の防衛大学を卒業するまで、一人当たりの教育費は約一億円と言われている。一般の大学よりはるかに恵まれた環境で、公務員としての月給をもらいながら、高度な技術や学問を学び、肉体を鍛えるのだ。それが、無事に卒業したとたん、「はい、サヨナラ」はないだろう。

やはり、彼らをそんな気持ちにさせてしまう防大の指導方法に問題があるように思われる。緊張感に欠け、彼らから希望やヤル気を奪う雰囲気が、防大にあるのではないかと私は思っている。

防衛大学を卒業した幹部自衛官の多くは、愛国心の強い立派な日本人で、責任感の強い、尊敬できる軍人が大半だ。彼らは、国を守ることに強い誇りを持ちながら、部下とともに厳しい日課をこなしている。ひとたび災害が起これば、それこそ寝食を忘れて、国民の命を救う努力を払っている。人間性から見ても、任官を拒否する防大卒とは、雲泥の差がある。

もう一つ、不思議なのは、防衛大学が外国からの留学生を受け入れていることだ。シンガポール、マレーシア、ベトナム、インドネシア、韓国などから、毎年何十人か受け入れているようだが、なぜか台湾からの留学生を拒否しているらしい。私は防衛の専門家ではないが、むしろ、日本を敵視している中国や韓国からの留学生は拒否して、台湾の学生を受け入れるべきではないかと思っている。

あと、防衛大学の校長は、よその大学の学者や、警察庁などの官僚から招聘されているのだが、なぜか防大の卒業生からは、今まで一人も校長にしていない。先にも言ったように、防大の卒業生には優秀な者が多い。そろそろ、防大ＯＢの校長が出てもおかしくないだろう。

人間、ヒマだとロクなことがない

昔、元自衛官と言えば、企業から引っ張りだこだった。真面目、誠実、健康、きれい好き、規律を守る、責任感が強い……それが自衛官のイメージだった。大会社の役員や社長にまで出世した者もいる。

だが、最近の自衛官のイメージはかなり変化し、企業からの評判は、それほどではないようだ。苦労知らずで遊び好きの元自衛官が多くなったかららしい。率先垂範の態度は薄く、消極的、我慢強さに欠け、いつもスマホをいじっている。残業が続くと不平不満を口に出し、すぐ辞めてしまうという。民間の中小企業は甘くない。土曜や祭日も仕事をするところが多い。

ではなぜ、自衛官に対する民間のイメージが悪くなったのだろうか。理由は二つ考えられる。休みの多さと、安楽な生活環境である。

現在の恵まれた自衛隊と、日本が貧しかった昭和三〇年代の自衛官時代とを比較してみても、雲泥の差がある。国家公務員特別職の自衛官は、休みが多すぎ、それに慣れっこになっているのだ。日本のカレンダーを見ると驚く。まず土日は休み。祝日は年間一六日。お盆の休暇、年末年始の休暇、これに二〇日以上の年休がもらえる。ざっと計算すると、一年三六五日のうち、三日に一度が休みなのだ。

日本の公務員と国会議員の給与は世界一、なおかつ、休みが世界一多い軍隊と言われる自衛隊。戦争に行かなくてもいい軍隊。これでは、キリリとした厳しい男の世界に憧れて入隊した人間は、がっかりして辞めていくだろう。ヤル気に胸を膨らませて防衛大学を卒業した優秀な若者が辞めていくのも、やむなしか。

人間、休みが多いと精神まで緩んで、遊ぶためにもっと金が欲しいと思うようになる。ちなみに、アメリカの祝日は一〇日、オーストラリア九日、イギリス八日、ドイツ八日、オランダ九日、スイス九日、中国九日、ベトナム九日、サウジアラビア八日、カタールが七日。休みは週一、または土曜が半ドンという国も多い。人間、休みが多いとロクなことがなく、敵対する近隣の国から侮《あなど》られ、なめられることになるだろう。

自衛隊さんは、朝鮮総連の大切なお客様？

　昔から、自衛官が暇をつぶすためにカネを使う場所は「パチンコ」が多い。だが、これはあまり褒《ほ》められることではない。パチンコは明らかにギャンブルであり、中毒性が強く、家庭や人生を破壊してしまう事例も多い。じっと椅子に座り、何時間も玉を弾き続けるというのは、どう見ても不健全だし、貴重な時間や金を無駄に費やしていることになる。本当に、もったいない。

（恥ずかしながら、私も自衛官時代にパチンコにハマったことがある。今思えば、よくぞあんなつまらないゲームに金をつぎ込んだものと、反省しきり。パチンコは亡国の遊びだ）

　ご承知と思うが、パチンコ屋のオーナーの約九〇パーセントが、在日の韓国人か北朝鮮人と言われている。彼らは、日本人を食いものにして莫大な金を稼いでいる。しかも、彼らの大半は税金をきちんと払わないという。領収書を発行しないので、簡単に脱税できるのだ。それに昔から、日本の税務署は、北朝鮮や韓国出身の人に強いことを言わない。ある在日の自慢は、パチンコ屋の事務所にたまに来る税務署員をうまくまるめこみ、極力、税金を払わないことらしい。昼飯に上等の「うな重」を食わせれば、形だけのわずかな納税ですむという。

　北朝鮮にとって、昔からパチンコは貴重な外貨の稼ぎ頭だった。日本人から巻き上げた金を朝鮮総連に運び、さまざまな方法で北朝鮮に送金して、それらがノドンだのテポドンだのというミサイルや、核実験の原資となっていることは、誰でも知っているだろう。

その、北朝鮮系のパチンコ屋のありがたいお客様の筆頭が、ヒマと金のある自衛官なのである。彼ら自衛官が落としていったお金で、日本海にミサイルをぶっ放し、独裁政権を延命させているのだ。

ちなみに、パチンコ関連の年商は、約三〇兆円（平成三一年）と言われる。なんと防衛予算の約六倍である。この「おいしい」業界を守るために、国会議員による、いわゆるパチンコ議連というものがある。また、パチンコ関連の遊戯協会や組合を作り、理事や顧問に警察のOBを天下らせている。

日本から甘い汁を吸い上げるパチンコ業界と警察は一体であり、彼らを生き延びさせている人種の大切なお客様の筆頭は自衛官。なんともバカげた話だ。

自衛官が台湾に行けない不思議

世界には、約二〇〇の国がある。日本と国交を結んでいる国は、一九〇ほどだが、そのうち一番の親日国は台湾である。東日本大震災の時、真っ先に日本に救援隊を派遣し、そして国民が二五〇億円もの義援金を送ってくれたありがたい国だ。南三陸病院再建のため、二二億円を拠出してくれたのも台湾だ。

約一三〇年前、日清戦争で日本が中国に勝利し、その賠償として、台湾は日本の統治下となった。日本は台湾の安定と発展のため、精糖業や稲作、インフラの整備などに力を注いだ。また、司法、行政、教育、警察、衛生などの改善に務め、台湾は短期間で経済が発展し、平均寿命が一気に延びた。台湾を近代化し、さらに豊かにするために、日本から次々と大物の指導者を派遣した。桂太郎、樺山《かばやま》資紀《すけのり》、乃木希典《のぎまれすけ》、児玉源太郎、後藤新平、新渡戸稲造《にとべいなぞう》、八田與一《はったよいち》などである。

のちに総理大臣となる桂太郎は、台湾の教育水準を高め優秀な若者を学ばせるために、東大、京大などと同等の台北帝国大学を作った。私立の開南大学や東洋協会専門学校なども作り、これが現在の拓殖大学の淵源校と言われている。

台湾人は日本人が大好きだ。日本のお隣のように、日本人をバカにしたり、いつも非難や中傷ばかりしたりする人は、台湾にはほとんどいない。台湾は日本の兄弟国と言ってもいい。中国共産軍は、台湾を自国の領土に組み入れるために虎視眈々《こしたんたん》と狙っている。もし中国軍が侵略し、台湾が窮地に陥った場合には、日本は兄弟国の台湾を助けなければならないと私は思っている。

最近では、休暇を利用して海外旅行に行く自衛官も多いらしい。海外旅行を申請しても、業務や訓練に支障がない限り、短い期間であれば許可されることが多いと聞く。ただし、日本の最友好国である台湾に行きたいと申請すると、不許可になるという。中国とは国交があるが、台湾とは国交を結んでおらず、自衛官が台湾に行くと中国を刺激することになるから許可しない、というのだ。

日本は自由主義の国、台湾も自由主義の国、交流して何が悪いのか。私は、何度も台湾に行ったが、本当に美しく、素晴らしい国だ。自衛官は何度でも台湾へ行くべきだろう。

自衛隊の階級について

一般の方から、自衛隊の階級について質問されることが多い。防衛大学を卒業すると、どんな階級になるのか。優秀な幹部は通常どこまで進級するのか。階級によって、どのような任務を与えられるのか。中卒や高卒の新兵（新入隊員）の階級は何なのか。二年間の任期を務めると、どんな階級になり、曹への昇進は簡単なのか。など、民間の人たちには、自衛隊の階級制度について分からないことが多いようだ。

昔の日本軍の階級や、外国の軍隊の階級については、多くの日本人も知っているようだが、実は、自衛隊の階級について、防衛省はあまり世間に知らせる努力をしていない。私自身も、陸上自衛隊に入るまでほとんど知らなかったが、知ってからは逆に、別の疑問をいだくようになった。

自衛隊エリートである将官（ジェネラル）は、「陸将、海将、空将」で、その下の階級は「将補」と呼ぶ。旧日本軍や世界中の軍隊の「将軍」は、「大将」「中将」「少将」「准将」に分けられているが、自衛隊の場合は「将」と「将補」だけである。だが、この将補というのが、准将なのか少将なのか中将なのか、はっきりしないのだ。「補」という漢字には、どうしても補充、補足、補填、補償、補佐、補助、補完といったイメージがあり、ジェネラルを補佐する伝令か、あるいは幕僚としてのイメージしか湧かない。そのような官位不明の将官が、現在は約六〇人もいる。

さて、「四つ桜」と呼ばれる階級章を付けた、トップの将軍は、自衛隊に四人いる。三軍を統括する統合幕僚議長と、陸、海、空の幕僚長だ。この四人は間違いなく「将」である（陸、空ではジェネラル。海ではアドミラル）。

将軍の下の高級幹部は「佐官」になる。陸上自衛隊の場合は「一等陸佐」「二等陸佐」「三等陸佐」と呼び、海上自衛隊は「海佐」、航空自衛隊は「空佐」で、それぞれに等級が付く。これについても、民間の人たちからよく質問を受ける。「一等陸佐」と「三等陸佐」は、どっちがエライのですか、というものだ。私も、入隊前は「三等陸佐」の方がエライと思っていた。というのも、私は中学時代から柔道をやっていたので、強くなると初段から二段、三段となり、六段あたりは雲の上の人で、近づきがたい人だと信じていたからだ。剣道でも、最上級は八段で、日本中でも、ほんのわずかしかいない。

私は、北海道の美幌六連隊に入隊し、一等陸佐の連隊長を見て、「一佐」の方がエライということを、はじめて知ったのだ。

武道だけでなく、自衛隊以外の組織では、通常、数字の多い方が重みがあってエライ。例えば、私の住む千葉県市原市の職員の階級は、新人は一級、数年たって二級、主任になって三級、というように、数字が多い方が上位である。

私が昔、三等陸曹になって、制服を着て故郷の高校を訪問したところ、恩師の先生が在校生を集めて「お前たちの先輩が、エライ三等陸曹になったんだ。誇らしいことだ」と紹介してくれた。明らかに勘違いしていたようだった。恩師は柔道四段だったので、一等陸曹より三等陸曹の方が上の階級だと思ったらしい。その夜、恩師と私の仲間数人で私の昇任祝いをしてくれたが、とてもじゃないが「三等陸曹は下士官の一番下っ端です。決してエライ階級ではありません」と弁明できる雰囲気ではなかった。

多すぎる幹部自衛官

自衛隊には階級が一六あり、約二三万人の隊員がそれぞれの階級を与えられ、その階級によって、厳しい秩序が守られている。おおよその人数は以下の通り。

将官、佐官、尉官が「将校（幹部）」と呼ばれ、約四万二四〇〇人。

下士官（曹）と幹部の中間である「准尉」が、約四五〇〇人。

下士官（曹）が、約一三万八〇〇〇人。

兵（士）が、約四万二〇〇〇人。

お分かりのように、現在の日本の軍隊フォーメーション（隊系）は、極めていびつである。

通常、世界の軍隊は、最下部の兵の数が圧倒的に多く、ピラミッドのように、高くなるにつれて、幹部の数が少なくなるのが普通だ。しかし、自衛隊の場合は、最下位の兵員数と上級幹部の人数が、ほぼ同じ。すなわち、頭でっかちの珍しい軍隊なのだ。

特に不思議なのは、雲の上の人であるはずの「将軍（ジェネラル）」の多さである。一三万五千人の陸上自衛隊には、なんと一三一名もの将軍がいるのだ。

例えば、陸幕の教育訓練研究本部は、その仕事の内容から見て、将軍は一人、佐官は二〇人で十分なのに、毎日何をやっているのか知らないが、将軍が六人もいる。さらには、研究員の一佐（大佐）が六四人もいる。

以下はアメリカの将校から直接聞いた話だから間違いないと思う。最近になって頻繁に、日米共同訓練をしているが、「日本の自衛隊は幹部が多すぎるよ。本来は曹長や少尉のやる仕事を、少佐がやっているのはおかしいでしょう。自衛隊という小さな軍隊に、なんでそんなに幹部が多いのかね。年間の防衛費のうち、給料などの人件費は大変でしょうな」と。

兵より将校の数が多いのは、おそらく世界中で自衛隊だけであろう。きちんと確認したわけではないが、自衛隊の中で一番多い階級は、三佐（少佐）らしい。これも、世界の中の不思議な日本の軍隊と呼ばれる所以《ゆえん》だ。確かに、外国の軍隊の中隊長は、通常、中尉（二尉）が多い。だが、自衛隊の中隊長は、たいてい一尉（大尉）か三佐（少佐）だ。小隊長は通常、中尉か少尉であるが、最近の自衛隊では、一尉（大尉）がやっているらしい。これが民間の会社で、部長や課長などの幹部がやたら多く、ヒラの社員がわずかしかいない組織だったら、たぶんすぐに、その会社は倒産するはずだ。

自衛隊における「名称」問題

自衛隊を、強くて誇りある軍隊にするのであれば、まず、わけの分からない現在の階級名を、世界共通の名称に変えるべきだ。

一般的な、大将、中将、少将、准将、大佐、中佐、少佐、大尉、中尉、少尉、准尉、曹長、軍曹、伍長、兵長、一等兵、二等兵で、いいではないか。現在の階級名より、はるかに強そうで「しまり」がある。

さらにこの際、「自衛隊」という名称も考え直してはいかがか。昭和二九年（一九五四）創設以来、警察予備隊、保安隊、自衛隊と、軍の名称も変遷してきたが、そろそろ世界と肩を並べる「国軍」という名称にすべきではないだろうか。

「自衛隊（Self Defense Force）」では、なんだか地元の自警団みたいで弱々しい。サムライの国の軍隊なのだから、名称は「国軍」（日本国軍）でいい。実に独立国らしい、名誉ある名称である。世界中の国は、自国を守るための軍隊を持っており、以下のように英文で表記されている。

The United States Armed Forces（アメリカ）
Armed Forces of the Kingdom of Great Britain（イギリス）
Armed Forces（七〇カ国）
Military Forces（六二カ国）
Defense Forces（二九カ国）
Self Defense Forces（一カ国、日本だけ）

海外に派遣される自衛官は、このおかしな表記「Self」という余計な単語の入った名刺を使いたがらない。そもそも「Self Defense」とは、合気道などの武道に使われるもので、国家の防衛には使うべきでない単語だ。

かつて、廣谷次夫元陸将（元富士学校長）が少佐のころ、一九五九年、米陸軍指揮幕僚大学で一年間学び、晴れの卒業式で大恥をかいたという。アメリカ人の学校長が卒業証書を手渡す時に名前を呼ばれたのだが、「メイジャー・ヒロタニ、ジャパン・グラウンド・セルフデフェンス・フォース」と呼ばれた時に、会場に居並ぶ学生や将官たちが、一斉に大声で笑ったというのだ。この時は、穴に入りたいほど恥ずかしい思いをしたと、のちに述懐されている。

ことほど左様《さよう》に、自分の国軍の頭に「セルフデフェンス（Self-Defense）」などと、くっつけて喜んでいるのは日本だけなのである。「自衛隊」をそのまま英語にしているから嗤《わら》われるのだ。

世界の軍隊の多くは、陸軍（アーミー）、海軍（ネイビー）、空軍（エアフォース）という、「軍」の名称を使っている。だが、日本だけが、いまだに「隊」だ。これもおかしい。「隊」は、なんとなくボーイスカウトみたいなネーミングであり、おもちゃの軍隊のようだ。

もともと自衛隊は、一九五〇年にアメリカのGHQの指令で創設され、警察予備隊、保安隊、自衛隊と名称が変遷して、現在に至る。そのころからずっと、旧軍が憎い左翼や官僚たちは、「軍」「兵」「戦」という単語を嫌っていた。このため自衛隊は今でも、こうした反軍主義者の意に添うような名称で運営されている。日本人の多くが、いまだにアメリカ製の憲法を守り続けているように、自衛隊の大半でも、軍隊とは極力違う名称が、いまだに大切に使われているのだ。実に不思議な軍隊（もどき）と思えてならない。

このように、先述した自衛官の階級呼称だけでなく、部隊名その他も、旧軍とは違う名称で運営されている。以下に一部、紹介したい。（　）内は、現在の自衛隊で使われている呼称である。

海軍（海上自衛隊）、陸軍（陸上自衛隊）、兵（隊員）、将校・士官（幹部）、兵舎（隊舎）、衛兵（警衛）、初年兵（新隊員）、行軍（行進）、閲兵式（観閲式）、軍服（制服）、兵器（武器）、兵科（職種）、軍医（医官）、戦闘爆撃機（支援戦闘機）、巡洋艦・駆逐艦（護衛艦）、歩兵（普通科）、騎兵・機甲（機甲科）、野砲兵（野戦特科）、高射砲兵・防空砲兵（高射特科）、工兵（施設科）、憲兵（警務科）、経理部（会計科）、軍医部・衛生部（衛生科）、軍楽部（音楽科）、軍歌（隊歌）など。

「国防とは、我が国に侵害を加えることは容易ならざることと、相手に認識させる抑止力である」

「脅威が及ぶ間合いには、確実に対処し、被害を最小限に抑えるべし」

こうした任務を体を張って実行するための組織は、独立国らしく「国軍」と称するべきだ。そして、将校の数を減らし、兵の数を倍以上に増やすべきである。

20　三島由紀夫と自衛隊

自衛官ＯＢの大半は、三島由紀夫の壮絶な自決を、今も心の底に、重い滓のように漂わせているのではないか。私自身、現役六年間（板妻《いたづま》駐屯地、第三陸曹教育隊二九期卒）、予備自衛官三〇年間（東京地連）の陸上自衛官の生活で、何が一番衝撃的な事件だったかと問われると、躊躇なく「市ヶ谷駐屯地における三島由紀夫の決起と、悲壮な最後の演説、そして見事な自刃」と答える。

昭和四五年（一九七〇）一一月二五日のあの出来事は、惰眠をむさぼる戦後の日本人を痛棒で叩き、知識人たちを右往左往させた。世界のマスコミは「日本には、まだサムライがいた。今年のノーベル文学賞からは外れたが、来年はほぼ間違いなく受賞するだろう日本の作家が、ハラキリで死んだ」とセンセーショナルに書いた。

ノーベル賞候補の世界的に高名な文学者、戯曲作家、評論家、武道家、愛国的な行動家……。何をやっても目を見張るようなすごいことをやり遂げてきた、明哲で芸術的な日本人。いま思えば、三島由紀夫自身が、輝くような芸術品だったと思えてならない。最後に書いた『檄文』も、その死に方も、芸術的だった。

人間は、美しいものを見ると精神が清められると言われるが、三島由紀夫が残したおびただしい文学作品を読んだり、彼の戯曲を基にした演劇を観たりすると、確かに心が鎮まり、魂が明澄になる。文章の大半は宝石のように美しい。

三島は、実に多くの文学作品、戯曲、評論、歌舞伎や能楽まで書き残し、その一覧表を見ると、ただ驚くばかりだ。それにしても、たった約二五年のあいだに、よくぞこれほどの作品を書いたものだ。どう見ても、人間わざではない。そして、こうした文章を書く合間に、剣道や居合道、ボディビルで体と精神を鍛え、たくさんの書物を読み、人と会い、観劇し、講演を行い、さらには『からっ風野郎』『人斬り』などの映画に俳優として出演までしている。

また、東大やいくつかの大学にたった一人で乗り込んで、極左の学生たちと討論したこともある。こんな勇気のある知識人は、ほかにいない。

その上で、学生たちを中心とした「楯《たて》の会」を作り、自衛隊でかなりハードな訓練をこなしたりもした。なぜあれほどのことができたのか？ 寝る時間はあったのか？ 湧き上がるエネルギーと、原稿用紙を埋め尽くす、あの華麗な文章は、どうしてできあがったのか？

あの膨大な量の文学作品を書き上げるには、通常の作家なら二〇〇年かかっても不思議ではないと言われるが、三島はたったの二五年で、ほとんど推敲なしで書き上げたと言われている。超が付くほどの天才、まさに神わざ。いや、実際に神が憑《と》りついていたのかもしれない。

自衛隊への体験入隊

昭和四〇年代（一九六五年〜）は左翼の全盛期で、過激な学生たちが暴れまわっていた。機動隊は毎日のように学生たちと衝突していた。だが「憲法違反」と非難される自衛隊は、何もできず、冷たい殻の中でじっと耐えていた。そんな状況の中、日本の伝統と文化を愛し、国防に深い理解を示す三島由紀夫の出現と、その求道的な生き方に、自衛官の一部は狂喜し、尊敬の念を高めていった。

三島は、我が身を鍛えるため、昭和四二年、陸上自衛隊の久留米幹部候補生学校、富士学校の滝ヶ原普通科教導連隊、習志野第一空挺団、北海道の東千歳駐屯地へ体験入隊した。四五日間に及ぶ、すさまじい単身行動である。彼は、過酷なレンジャー訓練さえ体験している。また航空自衛隊百里基地ではF一〇四戦闘機の体験搭乗も行った。当時の三島は、すでに四〇歳を超えた中年男である。まだ暗い早暁から、自分よりも若い自衛官に鍛えられる毎日は、かなりきつかったはずだ。

この体験入隊について、三島は『太陽と鉄』の中に次のように書いた。

「私の一日は能《あた》うかぎり肉体と行動に占められていた。スリルがあり、力があり、汗があり、筋肉があり、夏の青草が充ちあふれ、土の径《みち》を微風が埃《ほこり》を走らせ、徐々に日ざしは斜めになって、私はトレイニングパンツと運動靴で、そこをごく自然に歩いていた。〔中略〕

そこには何か、精神の絶対の閑暇があり、肉の至上の浄福があった。夏と白い雲と、課業終了のあとの空の、何事かが終わったうつろな青と、木々の木漏れ日の輝きににじんでくる憂愁の色と、そのすべてにふさわしいと感じることの幸福が陶酔を誘った。私は正《まさ》に存在していた！」

この時、三島を親身になって指導したのは、山本舜勝《きよかつ》一佐である。当時、山本は自衛隊調査学校情報教育課長をしており、調査学校校長の藤原岩市《いわいち》陸将（戦時中にF機関を創設し、インド独立の父と言われる伝説の軍人）の紹介で三島と邂逅《かいこう》した。山本は、行動する高名な作家を訓練できる栄誉に感激して、彼の自衛隊での訓練を、熱を入れて担当した。山本は生粋の軍人である。旧軍では陸軍少佐として、諜報や特殊作戦を教える中野学校の教官だった。山本一佐の三島に対する、激しいほどの尊敬の思いは、三島の自決後に書かれた著書に生々しく書かれている。

山本は、三島が書いた『祖国防衛隊はなぜ必要か？』というパンフレットの中に記載されている「民間防衛組織」という計画をいたく気に入っていた。自衛隊とは別に、一万人規模の民間人による祖国防衛隊を作って左翼革命から日本を守るには、どうしたらよいか。嵐のように吹き荒れている、革命を目指す極左の学生集団と対抗する方策。こうしたことについて山本は、三島と熱く論じ合った。そして何度も密かに、極左のデモを見に行った。そして、対ゲリラ戦の訓練や、情報収集の実地訓練では、相互の連絡と監視、尾行などを行い、三島や私淑する学生たちを興奮させた。

山本とクーデターの話になると、三島はさらに興奮した。しかし山本は、多くの上級幹部と同じように、官僚的なところがあり、いよいよ危険な段階になると、当たりさわりのない安全な場所へ自らの身を置くようになったと言われている。三島がクーデターに真剣になると、山本は「付かず離れず」の態度を取るようになった。三島は、山本がクーデターに参加することを期待していたが、一方で、山本の気持ちの変化を見抜いていたという。山本は、自著にこう書いている。

「昭和四十五年三月末、日本刀を持参して不意に訪れた三島に、斬られるのではないかと狼狽し、かつ三島が辞去する際の一言、（山本一佐は冷たいですな…）の恨みの言葉を忘れられない」（『三島由紀夫・憂悶の祖国防衛賦』）

「私は三島をその気にさせておいて、実行の機会を与えようとしなかったのかもしれない。私も三島の後ろから梯子を外した口だったのか」（『自衛隊「影の部隊」』）

自衛隊での訓練は、濃密なものであった。訓練は、昭和四五年三月まで続いた。そして、その年の一一月二五日、三島と森田学生長は市ヶ谷で割腹自決する。

三島の自決後、しばらくのあいだ、公安や自衛隊調査隊は、山本一佐も自決するのではないか、三島の思想を具現化するため、同志を集めてクーデターを起こすのではないかと、山本の身辺を見張っていたらしい。山本は、平成一三年（二〇〇一）、三島由紀夫への強い惜別の思いを抱きながら、卑怯者という烙印を押された自分を悔やみつつ、この世を去った。享年八二。

三島由紀夫と「楯の会」

昭和四三年、三月と七月の二回にわたって三島は、学生たちを引きつれて陸上自衛隊富士学校に体験入隊している。この年の一〇月、三島はこの学生たちを中心として「楯の会」を結成した。

万葉集にある防人の歌「今日よりは顧みなくて大君の醜《しこ》の御楯《みたて》と出で立つわれは」から、「楯の会」という名前を選んだ。現憲法の、皇室を軽んじた人民軍ではなく、自分たちは「日本を守ることは、天皇をお守りすること」を目的とした聖なる軍隊であることを、三島は宣言したのである。

昭和四四年二月、富士学校に学生四〇名を率いて体験入隊。一一月には、国立劇場屋上で「楯の会」結成一周年記念パレードを挙行。昭和四五年三月、富士学校に学生三〇名を率いて、最後の自衛隊での体験入隊を実施した。

三島は、凛々しい男の世界に生きる自衛隊を高く評価していたが、自衛隊の内情を知るにつけ、がっかりすることが多くなった。大半の自衛官はサラリーマン化しており、建軍の本義や、「何を守るのか」という、きわめて重要な思想を持つ隊員と出会うことが、ほとんどなかったからである。月刊の漫画やエロっぽい三流小説を読む隊員が多く、教養はおおむね低かった。

また、防大出の若い将校と対談しても、あまり反応がなく、国体を守るという言葉さえ知らない者もおり、いったい防衛大学とは何を教える所なのかと、疑問に思うことが何度もあった。

軍隊は「国体を守り」、警察は「政体を守る」。その違いについて質問しても、まともに答えられる者がいなかった。若い幹部に対して、「あのね、日本の歴史の中心には天皇があり、国家を守るということは天皇をお守りすることなんだよ」と言っても、しらけた顔を見せるだけだった。

三島は、自衛隊での訓練が終わった後、友人である教育評論家の伊沢甲子麿《きねまろ》に、このようなことを言っている。「僕に近づく防衛庁の幹部連中は、三島という名声にひかれて集まってくるだけで、僕が本気になって命を捨てて、立ち上がる時はみんな逃げてしまう。自分の立場を計算するんだ。位《くらい》の高い人はだめだよ。自衛隊も官僚の集まりだよ」

三島は、自衛隊が魂のない、戦争ごっこに明け暮れるアメリカ製の軍隊であることを見破った。そして、愛する自衛隊を見限り、自衛隊を買いかぶりすぎた自分を、心の中で罵《ののし》った。

三島は、ライフワークである大作『豊饒の海』の最終巻「天人五衰」を書き終えた朝、出版社に原稿を渡したその足で、市ヶ谷自衛隊東部方面総監部に行く。「楯の会」学生長の森田必勝《まさかつ》ら四人の学生が同行。益田兼利《ましたかねとし》総監を人質にし、バルコニーから『檄』を撒き、しばし演説をした後、天皇陛下万歳を叫んで割腹自決。森田も自決。

駿馬《しゅんめ》のように走り続けた天才は、こうして、赫奕《かくやく》とした光の中に消えていった。

三島の決起と壮絶な自決に日本中が驚き、うろたえたが、かなりの数の自衛官も、ショックを受けて自衛隊を辞めた。彼らの多くは、三島が命をなげうった行為に、恐ろしさと激しい感動を受けたのだ。

「三島は本気だった。自分に責任を取った」

中には、三島の後を追って自決した元自衛官もいたらしい。

その一方で、三島由紀夫を日本に回帰させ、国防意識を強固にさせた男の世界に興味を強く抱いて、自衛隊に入隊した者も多い。

佐藤和夫大佐（一佐）

三島事件がきっかけで自衛隊に入隊した青年たち、その一人が、佐藤和夫氏（昭和二一年、金沢生まれ）である。慶応大学法学部を卒業して商社に勤務。三島事件に衝撃を受け、商社を辞めて二等陸士として陸上自衛隊に入隊。最初の配属先は滝ヶ原分屯地。三島が体験入隊して走り回った、富士山のふもとの部隊だ。

昭和四七年四月、幹部候補生学校に入校。九月に会計科の幹部自衛官として北海道南恵庭駐屯地に赴任。ここで、奇《く》しくも北方方面会計隊長になっていた寺尾克美一佐と出会う。寺尾は、市ヶ谷の三島事件に、身近に立ち会った人物だ（当時は三佐）。

彼はその時、総監を助けようとバリケードを破って総監室に突入、総監に短刀を突き付けている森田に飛び掛かり、その短刀を踏みつけた。三島に「出ないと殺すぞ」と言われたが抵抗したので、胸を一太刀《ひとたち》、背中を三太刀切られて、瀕死の重傷を負った。

だが寺尾は、三島を恨むどころか強い尊敬の念を抱き、定年後には、「三島に切られた男」として何度も講演を行っている。彼は、いつもこう言っていた。

「三島さんは、戦後憲法によって、日本人から大和魂《やまとだましい》が失われ、平和ボケ、経済大国ボケして、このままでは日本は潰れてしまうと予言したが、まさにバブルが崩壊し、心の荒廃は今も進んでいる。私は事件に立ち会った一人として、命を引き換えにした三島さんの魂の叫びを伝えたい。三島さんの檄文を読んでほしい」

佐藤和夫は、その寺尾から会計業務を学び、ひたすら与えられた任務に没頭した。イラン・イラク戦争が勃発し、日本の石油シーレーン防衛のため、外務省からの要望に応える形で、アラブ首長国連邦（UAE）の日本国大使館に一等書記官として勤務。厳しい中東情勢を、身をもって体験するという機会も得た。

三島が夢みた、太陽と鉄と魂の世界に自ら身を投じた佐藤は、日本の将来を案じながら、陸上自衛隊を定年まで勤めあげた。最後の階級は大佐（一佐）である。

定年後は、安逸な生活を送ることを潔しとせず、毎日を日本の安全と精神の恢弘《かいこう》のために捧げ、保守の論客として行動している。自らが主宰する「英霊の名誉を守り顕彰する会」の会長として、講演をすることも多い。保守政党「日本のこころを大切にする党」から参議院選挙に立候補したこともある熱血漢だ。

佐藤の、日本への愛と憂国の至情はブレることがない。戦後日本の、醜いほどの金だけによる外交、「話し合い」「平和的解決」「国際社会との協調」など、お題目だけを唱える外交を嫌っていた。自分の国を守ることから逃げてきた日本を叱り、危険なことを他国にまかせて自分だけはのんびりと安全な所にいる日本に我慢がならず、清廉で強い日本を再び作り上げることに、全霊を捧げていると言ってもよい。この心情は、三島由紀夫が『英霊の声』を書き、日本を愛するがゆえに、憂国の行動を開始したころと同じようだ。

令和二年二月、「習近平を国賓として招聘し、天皇謁見」させようとしている自民党と公明党の動きに反対して、衆議院会館で大きな会合が開かれた。また三月には、日比谷野外音楽堂で一万人集会が開かれ、銀座から東京駅までデモ行進を行った。行進には、習近平の国賓招聘に反対する在日の香港人、台湾人、ウイグル人、チベット人などが参加して、マスコミや道行く人々を驚かせた。このような積極的な行動をサポートし、推進できる日本人は、佐藤和夫以外に、あまりいない。現在の保守陣営の中では、貴重な人材だ。

私は佐藤さんに何度もお会いしたが、実に爽《さわ》やかな好男子である。三島由紀夫がよく言った「言葉は無効。行動こそ有効。（Talk is cheap, must act）」を実行している姿は、燦然《さんぜん》として頼もしい。

作家・浅田次郎

三島由紀夫の市ヶ谷での決起に影響されて自衛隊に入隊した男で、大作家になった男がいる。浅田次郎である（昭和二六年、東京生まれ）。

彼は少年時代から文学青年で、三島の耽美的で華麗な文体を書き写すほど、三島に入れ込んでいたという。その浅田少年が一本の小説の原稿を書き上げて、ある出版社に持って行ったが、あっけなく断られた。原稿の束を抱えて、すごすごと水道橋の後楽園の前を通った時、半地下になっているビルの中をのぞいた。

バーベルを持ち上げている男がいた。その男の鋭い眼光が、浅田少年の目を射抜いた。三島由紀夫だった。この劇的な邂逅を浅田は忘れることができないという。憧れの三島由紀夫とボディビルジムの窓越しに見つめ合うという衝撃が、浅田の筆力のエネルギーを加速させた。

昭和四五年一一月二五日、市ヶ谷自衛隊における決起と自決。浅田は魂を根底から揺さぶられる衝動のまま、「ともかく行ってみよう」と陸上自衛隊に入隊。二等陸士として市ヶ谷の三二普通科連隊に勤務し、二年間、自衛隊を体験するだけでなく、三島由紀夫を体験したのだった。彼は、三島が同じ目線で見ていた風景を見続けながら、厳しい訓練に耐えた。

上司の幹部自衛官の一人はアメリカ留学帰りで、すっかりアメリカナイズされたキザな男だった。敬礼などしたくなかった。彼は浅田に言った。

「ヘイ、ユウ。君はなぜ敬礼をしないのかね」

浅田は直立不動の姿勢で、大きな声で返事をした。

「自分は、日本帝国陸軍の兵士であります。アメリカの軍人には敬礼したくありませんッ」

浅田とはそんな日本的で、痛快な男である。そして二年間の任務を終えて自衛隊を去った。その浅田の、満期除隊の記。

「私は偶然にも三島由紀夫が自決した市ヶ谷の部隊に勤務していました。確か、春の一、二くらいのとても晴れ上がった天気のよい日でした。制服を返納し私服に着替えて、市ヶ谷の営門をくぐって一歩踏み出した時に、ものすごく感動したのです。

その感動とは、あの三島由紀夫が命を絶った所から自分は再生するのだという気持ちです。もっとキザな言い方をすれば、三島由紀夫がペンを擱《お》き、剣を執《と》った、その同じ場所から、自分は剣を擱き、新たにペンを執って歩みだすのだ、という感慨です。その時の感動は今でも忘れられません」

その後の浅田のペンによる活躍は驚嘆に値する。あたかも三島由紀夫の霊が乗り移ったかのようにおびただしい数の小説を書き続け、日本を代表する大作家になり、日本ペンクラブの会長にもなった。

浅田次郎の代表作の一つに、自衛隊を題材にした小説がある。現役の自衛隊員、自衛隊OBにぜひ読んでほしい名作である（『歩兵の本領』講談社文庫）。

この本は、浅田次郎の自衛隊に対する愛情、旧軍から生き残った人々に対する思いやりに溢れている。そして、浅田が陸上自衛隊で経験した、男の汗と涙と鬱屈した日常を忌憚なく書き上げた名作だと思う。

本書で浅田は、若鷲の歌、入営、駅前金融、脱柵者、越年歩哨、バトルラインなど、自衛隊の訓練や生活などをなかなか面白く描写していて、一気に読みきることができる。これから自衛隊に入ろうとする人は、この本を読むことをお勧めする。そして、覚悟して入隊してほしい。

メタルポエム作家の武石剛

武石剛《たけいしつよし》は、変わった男である。たいして金にもならない「メタルポエム」という白と黒だけの図形を描き、それに詩を添付するという難解な文学に没頭している男だ。

昭和三六年（一九六一）千葉県館山市に生まれ、木更津高校から立教大学に学び、在学中から三島由紀夫の作品に耽溺。大半の作品を読んだという。母校の木更津高校（旧制中学）は、三島由紀夫の小説『青の時代』にも取り上げられている。

三島事件の後に、二等陸士として陸上自衛隊に入隊、三島が訓練を受けた富士山のふもとの、板妻三四連隊に勤務。一六歳から書き始めた処女小説を出版した二〇歳の同月、一任期で自衛隊を満期退職。その翌年、立教大学文学部に入学。卒業後は定職につかずに文学に没頭。分厚い文学書を何冊も出版している。三島文学のファンらしく、文体は重厚で華麗だ。彼は、自衛隊の訓練の様子を、長編小説『水晶に似たガラスの海』の中で、以下のように書いている。

露が煌《きらめ》き、草草が匂っていた。露さそう風は梳《くしけず》りながら雲の通い路を切り拓いていた。雲のずっと向こう側で、数の法則以外には動ぜぬ月がその無限の泉から銀を流出している。天井と地上とを銀の帯が工《つらぬ》き通して輝やいている。露の玉が木々に降り積む。風が強いので、雨に濡れそぼった犬の身ぶるわせのように木々が揺れ、しずごころを知らない滴《しずく》が梢の高みから下草にこぼれ落ちて弾《はじ》ける。月の光のしとどな大地。虫のすだきがゆくりなく絶えた。風はいっそう強くなる。「状況」の終わった夜、風に打たれながら空を仰いで月の光を浴びた。戦車の轟きよりも激しい砲声よりも強い音の狂った楽器のような大自然に耳を打たれ、折れた枝葉に全身を乱打された。

この三人のほかにも、三島事件に触発されて自衛隊に入隊した男たちは数多い。大半が、最下位の二等陸士から始めており、「楯の会」からも三人が自衛官になった。

三島由紀夫の決起

さて、本書の最後に、ここで今いちど、三島の決起について振り返っておく。

昭和四五年（一九七〇）一一月二五日、三島は「楯の会」の森田必勝、古賀浩靖、小川正洋、小賀正義を引きつれて、市ヶ谷の東部方面総監室に乗り込み、血の決起を実行した。

三島は、自衛隊が三島の演説に逆反応をする時間帯を、あえて選んだ。一二時の昼食の時間である。

「全員、食事を中止して、至急バルコニー前に集合せよ」

食事中の隊員たちは「いったいなんだよ」とブーブー言いながら、バルコニー前の広場に集まった。

そこでは、三島由紀夫が「七生報國」の鉢巻きをして演説をしていた。

「やめろ」「バカ野郎」「何言ってんだ」「降りてこい」ヤジの嵐と猛《たけ》り狂った罵声の隊員を見下ろし、三島は（やはり思った通りだ。シナリオ通りだな）と思ったに違いない。

それでも、三島は最後の声を絞り、自衛隊員への決起を呼びかけた。

「われわれは四年待った。最後の一年は熱烈に待った。もう待てぬ。自ら冒瀆する者を待つわけには行かぬ。しかしあと三十分、最後の三十分待とう。共に起《た》って義のために共に死ぬのだ。日本を日本の真姿に戻してそこで死ぬのだ。生命尊重のみで、魂は死んでもよいのか。生命以上の価値なくして何の軍隊だ。今こそわれわれは生命尊重以上の価値の所在を諸君の目に見せてやる。それは自由でも民主主義でもない。日本だ。われわれの愛する歴史と伝統の国、日本だ。これを骨抜きにしてしまった憲法に体をぶつけて死ぬ奴はいないのか。もしいれば、今からでも共に起ち、共に死のう。われわれは至純の魂を持つ諸君が、一個の男子、真の武士として蘇えることを熱望するあまり、この挙に出たのである」

三島は、約七分の演説を終えた。その最中、三島はわずかな恐れを抱いていた。「はい、自分は三島先生と共に死にます」と言って、バルコニーに駆けあがってくる隊員が現れることを恐れていたのだ。だが三島は、いきなり「共に死のう」と言われて腹の切れる自衛官などいないということも、十分に分かっていた。そして、誰ひとり三島と一緒に死のうとする隊員がいないことに、安心した。

三島は、自らの思想を日本に回帰させて以来、義のために立ち上がって、勝ち目のない革命を決行し、死んでいった男たちの中に、輝くような「美」を見いだしていた。忠臣蔵、大塩平八郎の乱、西郷隆盛、神風連《しんぷうれん》の変、血盟団事件、二・二六事件、神風特攻隊など。だから三島は、自衛隊に決起してほしくなかったのである。

クーデターは未遂でなくてはならない。死ぬのは自分と森田だけでいい。益田総監や、三島たちをとらえようとする自衛官たちを、絶対に殺したくなかった。また、道づれにしてはならぬと心に決めていた。何人かの隊員が総監を助け出そうと試み、三島と乱闘になって切られたが、命を落とす者はいなかった。

三島は思った。自分の血を流すことで、日本人の血を呼び覚ますことができれば、それでよい。自衛隊は、清々とした国軍たれ。日本人は、誇りと自信を取りもどせ。美しい伝統と文化の日本は、永遠に生き続けてほしい。三島はそれを願いつつ、益田総監の目の前で、天皇陛下万歳を叫び、サムライらしく見事に割腹を遂げた。三島は、魂のクーデターを決行したのだった。

三島の死は、日本への憤死ではなく、諫死である。日本への殉死である。大義は、「日本」――。

檄

楯の会隊長　三島由紀夫

われわれ楯の会は、自衛隊によって育てられ、いわば自衛隊はわれわれの父でもあり、兄でもある。その恩義に報いるに、このような忘恩的行為に出たのは何故であるか。かえりみれば、私は四年、学生は三年、隊内で準自衛官としての待遇を受け、一片の打算もない教育を受け、又われわれも心から自衛隊を愛し、もはや隊の柵外の日本にはない「真の日本」をここに夢み、ここでこそ終戦後ついに知らなかった男の涙を知った。ここで流したわれわれの汗は純一であり、憂国の精神を相共にする同志として共に富士の原野を馳駆した。このことには一点の疑いもない。われわれにとって自衛隊は故郷であり、生ぬるい現代日本で凛冽の気を呼吸できる唯一の場所であった。教官、助教諸氏から受けた愛情は測り知れない。しかもなお敢えてこの挙に出たのは何故であるか。たとえ強弁と云われようとも、自衛隊を愛するが故であると私は断言する。

われわれは戦後の日本が経済的繁栄にうつつを抜かし、国の大本を忘れ、国民精神を失い、本を正さずして末に走り、その場しのぎと偽善に陥り、自ら魂の空白状態へ落ち込んでゆくのを見た。政治は矛盾の糊塗、自己の保身、権力欲、偽善にのみ捧げられ、国家百年の大計は外国に委ね、敗戦の汚辱は払拭されずにただごまかされ、日本人自ら日本の歴史と伝統を潰してゆくのを、歯嚙みをしながら見ていなければならなかった。われわれは今や自衛隊にのみ、真の日本、真の日本人、真の武士の魂が残されているのを夢みた。しかも法理論的には、自衛隊は違憲であることは明白であり、国の根本問題である防衛が、御都合主義の法的解釈によってごまかされ、軍の名を用いない軍として、日本人の魂の腐敗、道義の頽廃の根本原因をなして来ているのを見た。もっとも名誉を重んずべき軍が、もっとも悪質の欺瞞の下に放置されて来たのである。自衛隊は敗戦後の国家の不名誉な十字架を負いつづけて来た。自衛隊は国軍たりえず、建軍の本義を与えられず、警察の物理的に巨大なものとしての地位しか与えられず、その忠義の対象も明確にされなかった。われわれは戦後のあまりに永い日本の眠りに憤った。自衛隊が目ざめる時こそ、日本が目ざめる時だと信じた。自衛隊が自ら目ざめることなしに、この眠れる日本が目ざめることはないのを信じた。憲法改正によって、自衛隊が建軍の本義に立ち、真の国軍となる日のために、国民として微力の限りを尽くすこと以上に大いなる責務はない、と信じた。

四年前、私はひとり志を抱いて自衛隊に入り、その翌年には楯の会を結成した。楯の会の根本理念は、ひとえに自衛隊が目ざめる時、自衛隊を国軍、名誉ある国軍とするために命を捨てようという決心にあった。憲法改正がもはや議会制度化ではむずかしければ、治安出動こそその唯一の好機であり、われわれは治安出動の前衛となって命を捨て、国軍の礎石たらんとした。国体を守るのは軍隊であり、政体を守るのは警察である。政体を警察力を以て守りきれない段階に来てはじめて軍隊の出動によって国体が明らかになり、軍は建軍の本義を回復するであろう。日本の軍隊の建軍の本義とは、「天皇を中心とする日本の歴史・文化・伝統を守る」ことにしか存在しないのである。国のねじ曲った大本を正すという使命のため、われわれは少数乍《なが》ら訓練を受け、挺身しようとしていたのである。

しかるに昨昭和四十四年十月二十一日に何が起ったか。総理訪米前の大詰ともいうべきこのデモは、圧倒的な警察力の下に不発に終った。その状況を新宿で見て、私は「これで憲法は変らない」と痛恨した。その日に何が起ったか、政府は極左勢力の限界を見極め、戒厳令にも等しい警察の規制に対する一般民衆の反応を見極め、敢て「憲法改正」という火中の栗を拾わずとも、事態を収拾しうる自信を得たのである。治安出動は不用になった。政府は政体維持のためには、何ら憲法と抵触しない警察力だけで乗り切る自信を得、国の根本問題に対して頬っかぶりをつづける自信を得た。これで左派勢力には憲法護持のアメ玉をしゃぶらせつづけ、名を捨てて実をとる方策を固め、自ら護憲を標榜することの利点を得たのである。名を捨てて実をとる！　政治家にとってはそれでよかろう。しかし自衛隊にとっては致命傷であることに政治家は気づかない筈はない。そこで、ふたたび前にもまさる偽善と隠蔽、うれしがらせとごまかしがはじまった。

銘記せよ！　実はこの昭和四十五年〔四十四年〕十月二十一日という日は、自衛隊にとっては悲劇の日だった。創立以来二十年に亘って憲法改正を待ちこがれてきた自衛隊にとって、決定的にその希望が裏切られ、憲法改正は政治的プログラムから除外され、相共に議会主義政党を主張する自民党と共産党が非議会主義的方法の可能性を晴れ晴れと払拭した日だった。論理的に正に、この日を境にして、それまで憲法の私生児であった自衛隊は「護憲の軍隊」として認知されたのである。これ以上のパラドックスがあろうか。

われわれはこの日以後の自衛隊に一刻一刻注視した。われわれが夢みていたように、もし自衛隊に武士の魂が残っているならば、どうしてこの事態を黙視しえよう。自らを否定するものを守るとは、何たる論理的矛盾であろう。男であれば男の矜《ほこ》りがどうしてこれを容認しえよう。我慢に我慢を重ねても、守るべき最後の一線をこえれば決然起ち上るのが男であり武士である。われわれはひたすら耳をすました。しかし自衛隊のどこからも「自らを否定する憲法を守れ」という屈辱的な命令に対する男子の声はきこえては来なかった。かくなる上は、自らの力を自覚して、国の論理の歪みを正すほかに道はないことがわかっているのに、自衛隊は声を奪われたカナリヤのように黙ったままだった。

われわれは悲しみ、怒り、ついには憤激した。諸官は任務を与えられなければ何もできぬという。しかし諸官に与えられる任務は、悲しいかな、最終的には日本からは来ないのだ。シヴィリアン・コントロールが民主的軍隊の本姿である、という。しかし英米のシヴィリアン・コントロールは、軍政に関する財政上のコントロールである。日本のように人事権まで奪われて去勢され、変節常なき政治家に操られ、党利党略に利用されることではない。

この上、政治家のうれしがらせに乗り、より深い自己欺瞞と自己冒瀆の道を歩もうとする自衛隊は魂が腐ったのか。武士の魂はどこへ行ったのだ。魂の死んだ巨大な武器庫になって、どこへ行こうとするのか。繊維交渉に当っては自民党を売国奴呼ばわりした繊維業者もあったのに、国家百年の大計にかかわる核停条約は、あたかもかつての五・五・三の不平等条約の再現であることが明らかであるにもかかわらず、抗議して腹を切るジェネラル一人、自衛隊からは出なかった。沖縄返還とは何か？　本土の防衛責任とは何か？　アメリカは真の日本の自主的軍隊が日本の国土を守ることを喜ばないのは自明である。あと二年の内に自主性を回復せねば、左派のいう如く、自衛隊は永遠にアメリカの傭兵として終るであろう。

われわれは四年待った。最後の一年は熱烈に待った。もう待てぬ。自ら冒瀆する者を待つわけには行かぬ。しかしあと三十分、最後の三十分待とう。共に起って義のために共に死ぬのだ。日本を日本の真姿に戻してそこで死ぬのだ。生命尊重のみで、魂は死んでもよいのか。生命以上の価値なくして何の軍隊だ。今こそわれわれは生命尊重以上の価値の所在を諸君の目に見せてやる。それは自由でも民主主義でもない。日本だ。われわれの愛する歴史と伝統の国、日本だ。これを骨抜きにしてしまった憲法に体をぶつけて死ぬ奴はいないのか。もしいれば、今からでも共に起ち、共に死のう。われわれは至純の魂を持つ諸君が、一個の男子、真の武士として蘇えることを熱望するあまり、この挙に出たのである。

三島由紀夫　辞世

益荒男《ますらお》が たばさむ太刀の鞘《さや》鳴りに
幾《いく》とせ耐へて 今日の初霜

散るをいとふ 世にも人にもさきがけて
散るこそ花と 吹く小夜嵐《さよあらし》

森田必勝　辞世

今日にかけて かねて誓ひし我が胸の
思ひを知るは 野分《のわき》のみかは

21　予備自衛官の声

〔荒木和博／吉田 靖／西村日加留／奥 茂治／葛城奈海
香取直紀／長谷川洋昭／高沢一基／佐々木英夫〕

戦後体制からの脱却を目指せ　――荒木和博

元予備自衛官陸曹長・予備役ブルーリボンの会代表
特定失踪者問題調査会代表・拓殖大学教授

「人生をやり直せたら軍人になってみたい」と思っていた。しかし、それが実現するとは、想像もしていなかった。

平成一四年（二〇〇二）、民間人が予備自衛官になることができる、予備自衛官補制度がスタートした。第二期になる平成一五年度からは朝鮮語技能の募集があり、私は早速応募した。

技能公募の場合、「補」としての訓練は、わずか一〇日。あっというまに予備二等陸曹として任官したのは、訓練終了の翌日付だったと思う。翌年から、元自衛官の予備自の人たちに混じって、右も左も分からないまま訓練に参加した。この、最初の予備自訓練でお世話になったのが、本書の著者、木本あきらさんである。こちらは初めての訓練、木本さんはその時が最後の訓練だった。

実は、予備自衛官になったのには、もう一つの理由があった。拉致被害者の救出運動に携わってきて、この問題が単なる事件ではなく、安全保障上の問題だと痛感したからだ。安全保障上の問題であれば、当然何らかの形で自衛隊が関わらなければいけないはずである。しかし、それを言うのに自分が安全な所にいてよいのかというジレンマがあった。その意味でも、予備自衛官になれたことは幸運だったと言える。

残念ながら、任期満了退官までの一五年間に、拉致に絡んだ仕事はほとんど回ってこなかったが、それでも現職予備自含めて、さまざまな知人・友人ができ、自分としては予備自衛官として学んだことは貴重な財産となった。

また、その間に、現在代表をしている予備役ブルーリボンの会の結成に関わり、活動を通じて、さまざまなものを得ることができた。木本さんには長年副代表として活躍いただいたし、この欄に寄稿している葛城奈海幹事長、高沢一基さん、長谷川洋昭さんらとも、ずっと一緒に活動してきた。

ところで、予備自になった時、私は二つのことに驚いた。一つは、かつて左翼から「税金泥棒」とか「人殺し」などと言われて、長く日陰者扱いされたにもかかわらず、極めてしっかりとした組織として続いていたことである。もう一つは、にもかかわらず拉致問題となると、自衛官の多くも自衛隊自体も、あまり関心がないということだった。

自衛隊には、その名前も含めて、戦後体制のいびつさが凝縮されている。そのいびつさを個々の努力で乗り越え、あるいはごまかしてきたとも言えるだろう。しかし今般のコロナで国全体、というより世界全体の構造が変わる中、もういい加減リセットされてもいい時期ではないかと思っている。私もそのために、予備自衛官であったことを誇りに、ささやかな貢献を続けるつもりである。

拉致被害者の奪還に予備役の活躍を期待 ――吉田 靖

幹候五九期・二等陸佐・元空挺レンジャー教官

私は、予備役ブルーリボンの会が主催する第一回シンポジウムに参加した。約三〇〇名の予備自衛官が出席して、東京港区の浜離宮公園に隣接する「ゆうらいふセンター」で開催されたものである。会場を見渡すと、一度は自衛隊の制服に袖を通したことのある人々の熱気で沸いていた。

私は陸上自衛隊第一普通科連隊第二中隊に勤務していた時、二回、予備自衛隊の教育を担当していたことがある。彼らは主に企業に勤め、夏の二週間だけ、連隊の各中隊に起居して訓練していた。

そうした当時のことを思い出していると、「吉田さん」と木本あきら予備一等陸曹が声をかけてこられた。彼は当時、拓殖大学客員教授（国際関係論）で教鞭をとるかたわら、本会の幹事を務めていた。彼も私も、共に陸上自衛隊第一空挺団で勤務した仲間で、今回の招待も彼のご尽力によるものであった。

当時の彼は、激しく厳しい隊勤務の終了後に、大学の夜学に通学して卒業。その後「予備自衛官となる条件」で富士工、明星工業、三菱重工に出仕した。そして、中東、北アフリカ、中南米、インドネシアなど数十カ所のプラントエンジニアとして勤務中も、毎年の予備自衛官招集訓練は皆勤であった。マスコミで北朝鮮による拉致事件が報道される前のことであるが、彼自身も、アフリカで某武装集団に誘拐された経験を持っている。

シンポジウムは葛城奈海氏（予備陸士長、テレビキャスター）の司会で進行し、パネルディスカッションの弁士は、櫻井よしこ氏、田母神俊雄氏、矢野義昭氏、荒木和博氏であった。私は特に、櫻井よしこ氏と荒木和博氏の話に感動した。以下簡単に紹介する。

櫻井よしこ氏

国家の基本は、外交プラス軍事である。日本の外交はおかしいし、軍事力も、法的および物理的に整備されていない。今のままでは、海岸線、島嶼、国土、つまり国を守れない。それどころか、民主党が政権を握り、「自衛隊を減らす」「軍事費を減らす」と言い出している。鳩山総理の言う「友愛」で国際社会は動かないし、拉致問題も解決できない。経済的な圧力が求められ、米国、中国および韓国にも、「日本という国は無視できない！」と真剣に思わせることが必要である。

荒木和博氏

「日本国の憲法・法律がこうであったから拉致被害者を救出できなかった」という言いわけは通用しない。憲法の改正には長い年月を必要とする。われわれには「今なすべきこと」が求められている。その「なすべきこと」の活動に当たって、現職の自衛官は多々制約を受けるので、われわれ予備自衛官が彼らに代わって活動するために、本会が設立された。会員にできることは、すべて実行しよう！

全くその通りである。「北朝鮮による拉致被害者家族連絡会」の高齢化が進む中、拉致問題の解決は時間との戦いとなってきた。その中で、予備役ブルーリボンの会という団体が、現在もなお精力的に拉致問題の解決に向けて活動をしていることを知ってもらいたい。

これからも、この問題を風化させることなく、予備役ブルーリボンの会のみならず、国民的な運動となって、解決に向けての機運が高まることを心から祈りたい。

予備自衛官運用を再検討せよ

——西村日加留《ひかる》

陸上自衛隊三七普通科連隊でレンジャー教育訓練終了・予備三等陸曹
大阪府議会議員・父は政治家の西村眞悟氏・予備役ブルーリボンの会幹事

自衛隊は、大阪府の災害要請に伴い、令和二年一二月一五日から同年一二月二八日のあいだ、自衛隊看護師七名を医療現場へ派遣しました。大阪府が防衛省に要請を打診した際には、マスメディア等で大いに取り上げられていましたが、いざ派遣期間中や期間終了時の様子となると、それらを取り扱う報道は全くと言っていいほどなく、隊員たちは淡々と任務を遂行し、部隊へと帰還していきました。

そこで、この場をお借りして自衛官の皆様へ一言。このたびの派遣に関し、いち大阪府民として、深く感謝申し上げます。誠にありがとうございました。

そして、これを書いている今も、二度目の緊急事態宣言下ですが、こんな時こそ、感謝の言葉、感謝の気持ちを忘れてはいけない、「人の振り見て我が振り直せ」報道機関やコロナ禍社会の姿勢から、自身も気をつけなくてはと感じた次第です。しかし、今回の二度目の緊急事態宣言、緊急事態にあたり、正直なところ、「こんなもんか、我が国の緊急事態は」と思う部分はあります。

今が有事である・なしの話は置いといて、この一年以上、ウイルス騒ぎと付き合ってきた中で、防衛省においては、今が転機と捉えるべきと私は思います（自衛隊は宮古島にも災害派遣を要請され、看護師を派遣したが、沖縄のデニー知事はどう感じているのだろう。彼は辺野古の自衛隊常駐に猛烈に反発しているみたいだが…）。さて沖縄県知事のことはさておき、自衛隊にはクルーズ船ダイヤモンド・プリンセス号への派遣に続き、自衛隊法八三条に基づく看護師派遣等さまざまな活躍を、この間に行っていただきました。そうしたことから、自衛隊を安易に国内運用していいものか、「自衛隊要請について」「多様化する任務への対応について」等の議論が、今あらためて浮上しております。そこで、私も登録する即応予備自衛官、予備自衛官の扱いについいて申し上げたいと思います。

実は今回、所属部隊の即応予備自衛官訓練が、宣言下のゆえに訓練中止となりました。しかし本来は、緊急事態宣言下だから訓練を中止するのではなく、逆に任務命令を下すべきではないでしょうか？

部隊や基地内へウイルスを持ち込む可能性があるので、集まっての訓練は取りやめる、という方針は、いたしかたないと理解しております。私自身も、中止連絡が届いた時は「仕方ないか」と確かに思いました。しかし、訓練を中止とした決断で終わり、そこで機能停止になっているように感じるのです。

振り返れば、東日本大震災における予備自衛官および即応予備自衛官の災害等招集命令があり、活動ができたからこそ、予備自衛官運用要領のさらなる検討が具体化し、今に至ります。そして、今よりももっと予備自衛官が求められる場面を増やさなくては、今後も「自衛隊は何でも屋さんなのか」の議論が繰り返され、進展を見せないと思うのです。

コロナ禍においては、今なお、さまざまな教訓が得られています。例えば、ウイルス感染によって、米軍のように空母が丸々使えなくなる可能性も想定されます。だからこそ、一つのピースが崩れても一気に立て直せるだけのバックアップ体制が必要不可欠なのです。これは防衛省だけの問題ではなく、国家の安全保障に大きく関わることとです。日本国政府が先頭に立ち、自衛官はもちろん、予備自衛官を確保することの重要性を国民に周知する、絶好のチャンスなのです。

また今後は、細菌戦への備え、医療技術の高度化にも適応するべく、保健師・看護師の専門的技能をもった隊員の拡充が、大いに期待されます。つまり、予備役にも医療資格がある方、潜在看護師を募集し、受け入れる取り組みが非常に重要になると考えます。またワクチンの分配をはじめ、さまざまな作業が想定されることから、人的な支援の確保が必要となります。このことでは岸信夫防衛大臣が、新型コロナウイルスのワクチン接種のために自衛隊の活用を検討する方針を示したとの記事を見ました。

ここに「予備自を」。つまりこうした活動に予備自衛官も関わり、支援活動をするのはいかがでしょうか。ただ、ウイルス感染のこともあり、防衛省や部隊から、民間人でもある予備自に指示を出すのは、躊躇する可能性があります。ならば、予備自衛官の側から声を上げ、運用検討を働きかけるのも一つの手ではないでしょうか。

先だって、防衛大臣と米国防長官の電話会談が行われた際に、日米安全保障条約第五条が尖閣諸島に適用されることを改めて確認したとのこと。しかしこれは「日本が何もしなくても米軍が守ってくれる」という取り決めではありません。日本、そして自衛隊の防衛力強化は、重要かつ不可欠です。今、一人の日本人であり予備自衛官に身を置く者として、防衛力強化の底上げ、「底に底あり」予備自衛官の運用を即検討せよということを、強く感じました。ウイルスだから家におれ、訓練は中止、これでは弱体化する一方なのです。

わが命、国に捧げん　――奥 茂治

元海上自衛隊准尉・南西諸島安全保障研究所所長

私は、昭和四五年の一〇月一日、海上自衛隊に予備自衛官が発足したその日の任官である。その約一カ月後に三島事件が起こり、日本中を驚愕させた。当時の予備自衛官手当は「月二千円、招集訓練の日当は三百円」だったが、手当などに対する不平不満は全くなかったと思う。それでも、全国から招集訓練に集まってくる。招集部隊までの交通費は支給されるため、自己負担金はないが、訓練に応ずるたびに数万円の持ち出しであった。

私は海上自衛隊の予備自衛官として四三年間連続出頭して訓練を受けたが、その際、何度も「予備自衛官の愛国心は？」と聞かれることがあった。その時は、自衛官の宣誓書の一文である「ことに臨んでは危険を顧みず、身をもって責務の完遂に努め」を身上としていますと答える。

予備自衛官の宣誓でも、「防衛招集、国民保護等招集及び災害招集に応じては、自衛官として責務の完遂に努めることを誓います」とあり、自衛官としての責務を完遂することは予備自衛官だって同じであり、身をもって責務を完遂しなければならないからである。

現役自衛官は職業軍人、予備自衛官は愛国心の塊のようなものである。

私は、一九九五年に尖閣諸島の魚釣島に上陸し、三日間野営をして木製の大日章旗を制作したことがある。また、「富士通情報漏洩事件」では、情報を漏洩した富士通が、私の所属する予備自衛官の親睦団体、善政同志会に恐喝されたと神奈川県警に告訴した。このとき特捜班は、善政同志会の組織犯罪だとの疑いで私を逮捕したのだが、その後、むしろ真犯人を逮捕するための情報を善政同志会が提供していたことが分かり、私は不起訴処分になった。すべては国益のためという愛国心であった。私は二二日間も収監されたのである。

さらに二〇一七年には、韓国の国立墓地に深夜忍び込んで、吉田清治《せいじ》が建てた謝罪の碑の文面を、同じ大理石で別の慰霊碑に書き換えた。韓国検察からの出頭要請に従って出頭すると、待ち構えていた韓国警察に仁川空港で逮捕された。その事件でも、本来は吉田清治の長男の依頼によるものであったが、結局二一八日間、韓国国内で軟禁され、取り調べられた。韓国警察は一人の単独犯では実行できないと疑っていたが、本当に単独犯と分かり、日本の自衛隊はいったいどんな訓練をしているのかと関心を持ったようだ。この事件も、私の愛国心に吉田清治の長男が火を注いだのが原因で、私が予備自衛官としての訓練を受けていたからできた話である。これこそ、国益のために単独で戦えたのではないかと自負している。

そして、こうした私の愛国心の源となったのは、予備自衛官の親睦団体だった前出の善政同志会である。「銃を撃てる者以外は同志にあらず」を身上とした団体であったが、会長の伊東新三郎氏（故人）は航空自衛隊の警務官から事務官に転向した、異色の隊員であった。その伊東会長から、海上自衛隊の予備自衛官である私の入会も許可された。陸上自衛隊の予備自衛官だった木本あきら副会長に加え、私は海上予備自衛官ということで、善政同志会には陸・海・空のスナイパーが揃っていたのである。

私の長い人生において、この団体に入会したからこそ、私の愛国心を醸成させるきっかけになったことは間違いがない。それほど善政同志会の会員は愛国心の旺盛な、ケタはずれの予備自衛官だったのである。
わが命を国に捧げる気持ちは、絶対に変わることはない。

著者による追記――木本あきら

奥茂治。鹿児島県奄美大島出身のこの男は半端でない。三島由紀夫がいつも言っていた「言葉は無効、行動こそ有効」を常に実行してきた快男児である。危険を承知で尖閣に何度も行き、戦後、自分の本籍地を尖閣に移した最初の男。

元海上自衛官で最終階級は准尉。防衛庁長官賞など表彰状の受賞は三七回に及ぶ。予備自衛官として四三年間連続して訓練出頭し、その間、現役自衛官でもめったに出ない、実弾射撃での伏せ撃ち、膝撃ち両方で、全弾黒点を撃ち抜くという神わざを達成。「自衛隊のゴルゴ13」と呼ばれている。

また、沖縄の喜界島《きかいじま》に一人で乗り込み、地元の反対住民を説き伏せ、防衛省喜界島通信所の開設を成功させた。これは、東シナ海における重要な情報受信施設である。

その後は、韓国の従軍慰安婦問題にも取り組んだ。吉田清治という稀代の反日運動家が、「私が済州島で若い韓国女性を拉致して、日本軍人相手の従軍慰安婦にした。その数二百人」と言った。このウソに飛びついたのが、朝日新聞や日本社会党、左翼の弁護士たちである。

韓国人は、そんな話を聞いたことがないけれど、当の日本人が言うのだから本当だろうと騒ぎだし、日本大使館や公使館の前、世界各国に少女の従軍慰安婦像を建て始めた。慰安婦の数も二百人から二万人に増えた。

韓国と揉めたくない日本の政府は、加藤紘一や河野洋平などの幹事長、宮澤喜一や村山富市などの総理大臣までが謝罪し、国連ではクマラスワミ報告が出されて「日本の性奴隷」は許しがたいと報告された。

さらに吉田清治は、あろうことか、韓国の独立記念館のある天安市の「望郷の丘」に、自費で「謝罪碑」を建てたのである。そこには「あなたは日本の侵略戦争のために徴用され強制連行されました。私は徴用と強制連行を実行・指揮した日本人の一人として、人道に反したその行為と精神を潔く反省し、謹んであなたに謝罪いたします」という内容が書かれていた。

だが現在では、吉田清治のウソにウソを重ねた実態が分かり、さすがの朝日新聞も、従軍慰安婦などなかったと謝罪記事を書いた。そして平成一二年（二〇〇〇）に吉田清治は死去。彼の息子は、こんな反日的な謝罪碑は撤去するか文章を変えたいと思い、奥茂治に相談した。

奥は韓国に行く前、石碑に書かれた謝罪碑を変えるために、なんと佐官工事の見習いに入り、基礎を学んでいる。そして、韓国に入って念入りに現地を調べ、深夜に石碑の張り替え作業を完遂したのである。彼は「謝罪碑」の、ごちゃごちゃと書かれた文章を撤去し、簡単な「慰霊碑」を、吉田清治の本名である吉田雄兎《ゆうと》の名前で張り替えた。当然ながら、奥は潔く韓国の警察に逮捕された。そして二一八日間、韓国に拘留された。本件の細部については、ぜひ大高未貴さんの書かれた『父の謝罪碑を撤去します』（産経新聞出版）をお読みいただきたい。

拉致被害者救出に日本の武威、自衛隊の活用を　――葛城奈海

予備自衛官三等陸曹・予備役ブルーリボンの会幹事長
東大卒・ニュースキャスター・合気道五段・剣道三段

その巡視船の船橋は、銃弾によって穴だらけ、窓ガラスは衝撃で真っ白に変わっていた。平成一三年一二月二二日、九州南西海域不審船事案で北の工作船と交戦した海上保安庁の巡視船あまみ。この事件では、不審船は最終的に自爆・自沈し、一〇名以上とされる乗組員全員が死亡（推定）した。一方、海保側は三名が負傷。穴だらけの船橋や、見るも無残に損壊した甲板監視テレビを目の当たりにして、これでよく海保に死者が出なかったと思った。それと同時に、戦後の日本でも、国の尊厳を守るために、こうして命がけで任務に邁進する海上保安官たちがいることを、多くの国民に知ってもらいたいという思いが湧き上がった。あまみの船体は解体されたが、船橋の前面のみが残され、広島県呉市にある海上保安大学校資料館に、ひっそりと展示されている。だが、その存在を知る人は少ないだろう。

一方、交戦した北朝鮮の不審船は、横浜の赤レンガ倉庫のすぐ目の前にある、海上保安資料館に展示されている。こちらの資料館を訪れた人はまず、不審船すなわち工作母船の見上げるような大きさに驚くであろう。もともと工作小船が収納されていた船尾の観音扉は開かれており、中からも船腹を見るこ

とができる。あまみが応戦した際に被弾した弾痕からの浸水を防ごうと、モモヒキらしきボロ布が詰められているのが鮮烈だ。格納されていた八二ミリ無反動砲や自動小銃など武器の数々、無線機やヘッドホン、携帯電話などの通信機器、自爆用スイッチ、漁船に偽装するための集魚灯、潜水フードや水中メガネ、潜水靴、水中スクーターなどの、水中行動に必要な装備の数々、腕時計、「とりめし」と書かれた缶詰なども展示され、工作船の実態を生々しく知ることができる。こちらは、有名な観光スポットのすぐそばということもあり、訪問者は年間で約二〇万人にのぼるという。あまみの船橋も、ぜひ並べて展示してもらいたいものだ。

この事件で海保が毅然と対応した結果、以後、不審船の出没は、ぱたりとやんだと聞く。さらに、この翌年、拉致被害者五名が帰国を果たしている。五名の帰国には、他の要因も働いてはいるだろうが、少なくとも、武威を示すことの現実的効果を、この事実は伝えてくれているのではないか。

北の工作船は、これまで多くの被害者を北へと連れ去った。政府認定の拉致被害者は一七人、警察発表で「拉致の可能性が排除できないとされる行方不明者」は八七五人（令和三年一月現在）。そもそも北朝鮮が悪いのは言《げん》を俟《ま》たないが、これだけ長いあいだ、これほど多くの自国民を取りもどせずにいるのは、戦後の日本が「武威」の発揚にあまりにも臆病になっていることが、その根幹ではあるまいか。

独立国であるならば、他者に依存せず、自国の意思を毅然として体現すること。拉致被害者を本気で救出しようとするなら、それが本来、避けては通れない道のはずなのだ。

不肖葛城が幹事長を務めている予備役ブルーリボンの会では、拉致被害者救出に自衛隊を活用することを求めている。これに対し、被害者の居場所の情報もないのにと批判する声もあるが、そもそも事件から四〇年も経って情報がないなどというのは、本気で救出する気がないことの証《あかし》ではないのか。自衛隊の活用は、なにもハリウッド映画ばりの救出劇ばかりではない。当然ながら最後の手段としてその準備もしておくべきだが、例えば、情報収集に自衛官を充てることもできるし、交渉の場に制服を着た自衛官が同席するだけでも、北への圧力になる。国際的に見れば、自衛隊は、世界史の常識を覆す大勝利をおさめた日露戦争の勝者である日本軍や、その戦いぶりに世界が驚愕した特攻隊の末裔なのだ。

国が言う「拉致問題は最優先課題」「オールジャパンで取り組む」が嘘でないなら、大義のために命を投げ打つことを厭わない日本人の武威の活用を、真摯に検討、実行すべきであろう。

安全保障体制・その背景と現実　――香取直紀

陸上自衛隊板妻三四連隊陸士長・商社員時代にサウジアラビア駐在
栗栖弘臣統合幕僚長の論文を編集し『安全保障概論』として刊行・隊友会東京監事

我が国の自衛隊（防衛）をめぐる論争は、昭和二五年警察予備隊、昭和二七年保安隊に改組、昭和二九年自衛隊法施行で陸海空の自衛隊ができて以来、続いている。

自衛隊の歴史は、政治家とマスコミと進歩的文化人（エセ有識者）によって偏見的かつ否定的に語られつつ歩んできた。だが、現職自衛官たちは高い志と使命感により、動揺することも心が乱れることもなく、毅然と職務を遂行してきた。

昭和二〇年八月一五日から平成・令和の今日まで、我が国の政治家やマスコミは「ソビエトの労働者は天国です」「中国の文化大革命は人類の偉業です」「北朝鮮はこの世の楽園です」などと報道してきた。その連中は今も、自らの主張を訂正することもなく、謝罪することもなく、平然と暮らしているのである。

日本の周辺諸国の中には、①他国の良民を拉致（誘拐）する国。②他国の領土を無断で不法占拠したり、事実を歪曲して誹謗中傷する国。③他国の排他的経済水域（ＥＥＺ）・大陸棚に無断で不法侵入し、資源を盗む国。このような国々が現存する。

周辺諸国の軍事力

①米国軍：兵力一五〇万人、戦車八〇〇〇両、戦闘機／攻撃機四五〇〇機、爆撃機一八〇機、空母一一隻、原子力潜水艦七一隻。

②ロシア軍：兵力一一〇万人、戦車二二五〇〇両、戦闘機一〇二〇機、攻撃機八〇〇機、爆撃機一五四機、空母一隻、原子力潜水艦四五隻。

③中国軍：兵力二三〇万人、戦車八八〇〇両、戦闘機一五七〇機、爆撃機八〇機、空母一隻、原子力潜水艦九隻。

④北朝鮮軍：兵力一一八万人、戦車三九〇〇両、戦闘機／攻撃機八四〇機。

⑤韓国軍：兵力六七万人、戦車二七五〇両、戦闘機四九〇機。

我が国周辺の安全保障環境

①米国：厳しい財政状況／アジア太平洋地域へのリバランス（米軍プレゼンスの強化（米海空軍アセットの六割をアジア太平洋地域に配備等））

②ロシア：北方領土問題／極東ロシア軍による活動の活発化

③中国：軍事力の強化／日本周辺海空域における軍事活動の活発化／海軍による太平洋進出の常態化

④北朝鮮：金正恩体制の構築／大量破壊兵器・弾道ミサイルの開発

日本の地政学的特性

①四面環海。②長い海岸線：三万四千キロメートル（地球の赤道一周は四万キロ）。③島嶼数：六八五二。④大陸国家と海洋国家の接点（ランドパワー／シーパワー）。⑤内海（オホーツク海、日本海、東シナ海）。

見えない戦争（サイバー空間）

①機密情報の搾取。②先端技術の搾取。③通信・インフラ機能停止。④金融機関へのサイバー攻撃および資金搾取。

大陸国家（ロシア・中華人民共和国）の拡大

①ロシアによる領域拡大（ロシアの国家・軍事戦略：天然資源開発と国防産業の活発化を通じて経済全体の技術革新を促進）。

②中華人民共和国による領域拡大（国家目標：中華民族の偉大なる復興〔二〇二一年までに一四億国民の中流生活水準を実現〕。二〇四九年までに世界の強国となる）。

さらに、右記の周辺国家には、国際法も国際条約締結も守らない無法国家が存在する。むろん、これらの国の為政者は約束ごとは守らないし、平気で嘘もつく。真実を語ることもなく、礼節も社会道徳も皆無である。

したがって日本は、こうした無法国家対策として、今後もさらに総合安全保障体制の充実を推進しなければならないと考える。古代ローマに、「平和を求めるならば、戦争に備えよ」という有名な言葉があるが、日本人全体が偽りの平和から目ざめて、戦争に備えなければならない状況が迫っているのだ。

地域の消防団として、毎日が闘い　――長谷川洋昭

予備自衛官三等陸曹・田園調布学園大学准教授
予備役ブルーリボンの会幹事・保護司・新宿消防団部長

ある日、テレビをつけると、ある家族が「お互い空気のような存在」と、笑顔で語っていた。そこにお互いがいることが当たり前であり、また、なくては困るかけがえのない存在ということだろうか。確かに、「息苦しい関係」の家族であれば、家へ向かう足どりも重くなるだろう。

ひるがえって今の日本を見てみると、私たちは「空気のように」自由を謳歌しており、それがもはや当然と感じているように見受けられる。ああ、幸せなことではないか。しかし、海の先を見よ。

私は「天下国家」を大声で論じる前に、身近な人との、つつましやかな幸福を積み上げている人に共感を覚える。自らの足元がおぼつかないのに、自らの根っこが浅いのに、その先を考え、その先を担うことなど、できないと考えるからだ。私も、身近な人々をまず護《まも》れる人間になりたい、そう願いつつ周囲に支えられ、今も生きている。

私は陸上自衛隊の予備自衛官であるとともに、地域防災の面で貢献したいとの思いから、地元で消防団員として勤務している。深夜であっても台風であっても、ひとたび火災が起これば、仕事と家庭に支障

がない限り、防火服を着装して飛び出ていく。赤色警光灯を回し、サイレンを吹鳴して現場へ急行する時には、そこで助けを待つ人の力になること、その一心である。たとえ顔は知らねども、愛する我が街に住む人だ。乗車する消防車に子供たちが手を振ってくれる。敬礼を返しながら、この子供たちの信頼を絶対に失うわけにはいかないとの思いを強くする。彼らが安心安全を、空気のように感じられるように

「自助」「共助」「公助」の役割は、地域防災のみならず、すべての局面において意識されなければならない。この場合、まずは各自の役割を認識し、次に、共に手が届く範囲を掌握し、そして公を支えること、だと考えている。私の予備自衛官という立場に立てば、「公助」の役割を担うことになろう。では私ができる「共助とは?」、私がやるべき「自助とは?」。これらを、平時の誠実な生活の中から具体化し、実践していきたいと思っている。

大和魂が自衛官の誇り　――高沢一基

予備自衛官三等陸曹・國學院大学卒
予備役ブルーリボンの会幹事・板橋区議会議員

木本あきら先生との出会いは、荒木和博さんから声を掛けられ、予備役ブルーリボンの会を設立した

時だったと思います。若輩の私にも、国に対する熱誠を語られ、大いに刺激を受け、その後もご指導いただいております。

私は、國學院大学の神道学科を卒業後、出版社の展転社《てんでんしゃ》や「新しい歴史教科書をつくる会」などに勤務し、我が国の真姿を回復すべく、歴史認識に関する国民運動などに携わってきました。そうした中、平成一四年から自衛官経験がなくても予備自衛官に任官できる予備自衛官補が設けられ、一期生として採用されました。その後、毎年五日間の訓練に出頭し、現在は予備三等陸曹を務めています。

自衛隊の憲法上の位置づけはともかく、武力を備えた実力組織であることは間違いありません。書物で学んだ旧軍だけでなく、訓練で触れた自衛隊でも「軍事的リアリズム」を実感することが多々あります。実力においては、合理的な現実主義が重要であることは言を俟たないと思います。その一方で、その実力を支える精神も重要です。

我が国では、平安時代ごろから「和魂漢才」という言葉が拡がり、その後「和魂洋才」と変化してゆきました。これは、魂の根幹・精神には日本を揺るぎなく据え、技術や知識は外国のものであっても受け入れるという意味です。国学の大家・本居宣長《もとおりのりなが》翁は「唐心《からごころ》」を排して「大和魂」の呼び覚ましを訴えましたが、これも、技術や物品まで外国を排除するというものではありませんでした。明治元年、明治天皇が天神地祇に誓われた「五箇条の御誓文」には「智識を世界に求め、大いに皇基を振起すべし」とあります。

「軍事的リアリズム」は自衛隊にとって重要な事柄ではありますが、それだけでは我が国の実力組織とは言えません。実力を使って何を守るのかを考えることは、自衛隊にとって忘れてはならないことであります。「和魂」や「大和魂」や「皇基」を考えることの重要性は、今も変わりません。

ゆるぎない日本への愛　――佐々木英夫

陸上自衛隊三二連隊陸士長・公立小学校校長
予備自衛官二等陸曹・剣道四段・居合道二段

今年、令和三年一月、沖縄の那覇駐屯地の成人式に、創隊以来初めて、近隣の首長が祝辞を送ったというニュース報道を見た。こうした祝辞は「初めて」だという。

長きにわたって、しかも現在進行形で、尖閣諸島を含むEEZどころか領海までも脅かす中国。そこに点在する日本の島々の保全さえ危ぶまれている現実がある中で、その陸海空域を守る使命を果たすべく、黙々と日々訓練に励んでいる陸海空自衛隊の存在がある。にもかかわらず、今日まで自衛官の「市民・県民としての存在」を無視しつづけてきた歴代の政治家の責任は、問われてしかるべきだろう。これがまさに、自衛隊の歴史の縮図・象徴なのである。

さらに、沖縄には「悲劇の歴史」があるから……などという詭弁と、その筋のプロパガンダに、疑問符さえ打たないメディアにも、大きな責任があると考える。

韓国では、政策の失敗や汚職などで支持を失いかけた政治家が保身のために「反日」「抗日」を口にすると、国民はそちらの方に喝采し、失策をうやむやにできる。なぜそれほどまでに彼ら韓国国民には、「反日」「抗日」が刷り込まれ、浸透しているのか？　少し視野を広げて世界を眺めれば、それがいかにも古臭い理論で、あるいは我田引水の理論であるかが分かりそうなものと、外野に在るわれわれには思える。だがこれは「教育の成果」「教育の賜物」なのだと私は見る。

今日の「反日思想」は、戦後の李承晩以来、「教科書」で、つまり「学校教育」で、国民に植えつけて来た成果なのだ。それが、約七〇年にわたって行われてきた。だから彼らにとっては「真実」なのだ。教科書（教育）には、これほどの力がある。簡単には変わらないと覚悟すべきだろう。

日本の教育をそのような虚構にせよというのではない。ＧＨＱが都合のいいように歪曲して与えた憲法。与えられたそれを金科玉条とする「進歩的文化人」という人種。そしてそれを、腫れものに触るように遠巻きにしてきた政治家という人種。私は、彼らに振り回されることなく、自衛隊の成人式に近隣の首長が一歩歩み寄ってきた今の機運を捉え、憲法はもちろん、自虐的歴史教育を根本から検証し、まずは自国民の認識を改める「教育元年」となることを切望している一人である。

おわりに

浅学非才の老下士官が書いた稚拙な文章を最後まで読んでいただき、感謝申し上げます。

この本の中に書いた事柄の大半は、二〇代前半に第三陸曹教育隊（板妻）で学んだころから温めていたものです。

この第三陸曹教育隊（三曹教）は富士山のふもとにあり、通称「山走狂」と呼ばれるくらい、過酷な教育隊でした。体を鍛え、寝る間も惜しんで教範を読んだあの六カ月間は、間違いなく血となり肉となって、国を愛する自分を作り上げてくれました。

その後に与えられた任務は、横須賀の武山における新隊員教育隊の助教。これも、とてもいい体験でした。大声を張り上げながら、「このようにやれ」「声が小さい」「姿勢を正せ」「全力で走れ」などと指示をすると、皆その通りに行動してくれました。そんな教え子たちが凛々しく成長し、立派な軍人や社会人になっていく姿を見ることは、とても嬉しく誇らしいものです。

世界の軍隊で、昔からこう言われております。「世界最強の将軍はアメリカ人、最強の将校はドイツ人、最強の下士官は日本人」

昔、私が現役の自衛官だったころ、『コンバット』というアメリカの連続戦争ドラマが放映され、多くの自衛官がテレビに釘づけになりました。ドイツ軍と戦う勇敢で強い指導力を持つ、アメリカ陸軍の下士官サンダース軍曹の物語です。最近の日本の映画『亡国のイージス』にも、すごい下士官が描かれています。海上自衛隊の最強イージス艦「いそかぜ」が北朝鮮の工作員に乗っ取られてしまう物語ですが、おとなしくて紳士な幹部自衛官と違って、先任伍長が体を張って北朝鮮の工作員たちと戦う、下士官の物語です。ぜひ小説『亡国のイージス』(福井晴敏著、講談社)を読み、同じタイトルの映画を観ていただきたいと思います。

下士官(伍長、軍曹、曹長)は、兵を率いて真っ先に敵陣に飛び込んでいく使命を与えられています。「死」はいつも身近にあり、恐怖を勇気に変えて行動しなければなりません。危険から逃げることは許されず、場合によっては、使命を完遂するために、自らの肉体を犠牲にすることも覚悟していました。

この気持ちは、自衛官を辞めてからも役に立ちました。世界中どこへ行っても、「武士道の日本人」としての誇りを持ち続けているおかげで、友人がたくさんでき、少しくらいの危険には、ビクビクしなくなりました。個人的に、特に素晴らしいと思う仲間は、アラブ人、トルコ人、インド人、台湾人、インドネシア人などです。彼らと一緒に仕事をすると、だいたい、うまくいきました。

「死」を恐れずに正しい行動を覚悟すると、心が明澄になり、他人からバカにされることはなくなります。自衛官として、国民やマスコミから色眼鏡で見られ、堂々と制服を着て歩けないような状況に遭遇しても、恨んだり腹を立てたりすることがなくなりました。

こうして、国のためなら喜んでこの身を捧げる、という覚悟を持ちながら、偽善と言える堕情に満ちた平和の中に生き続けて年を取り、戦うことを体験することなく、人生の終盤に来てしまいました。死にぞこないの哀れな老人となった自分ですが、青年時代と変わらぬ、国を愛する燃えるような気持ちだけは持ち続けております。

退職した高級自衛隊幹部が出版した著書や論文を読むと、とても勉強になりますが、下級の一般隊員からの著書は、ほとんどありません。それなら俺が、という気持ちで、遺書のつもりで書いたのが、この本です。とりとめのない文章ですが、一般の自衛官（下士官）がどんな考えを持っているか、少しは分かっていただけたのではないかと思っております。

この世の中で、最も美しいことは、自分を捨ててでも他人を助けることです。他人の幸せを見ると、自分も幸せな気持ちになります。この気持ちを心に秘めて、残りの人生を、国を愛しながら過ごしたいと思っております。

私が、このように二五年もの海外赴任生活（それも政情不安定な国ばかり）を送ることを許し、一人で三人の子供たちを日本で育ててくれた妻のおかげです。このような人生経験ができ、この本が書けたこと、そしてこの本の出版のために深夜まで原稿打ちを手伝ってくれた、妻のすみ子に、今まで言えなかった感謝の思いを記したいと思います。

また、巻末にて、多くの予備自衛官の皆様に体験談や情報をいただいたことは本当にありがたく、ここにお礼申し上げます。

最後に、急いで書き上げた拙稿を何度も読み、立派な本に仕上げてくれたハート出版の日高社長、是安編集長に、心から感謝申し上げます。

令和三年四月

木本あきら

参考文献

『ドキュメント 湾岸戦争の二百十一日』朝日新聞外報部（朝日新聞出版）
『日本の安全』サンケイ新聞「日本の安全」取材班（サンケイ新聞社出版局）
『黒幕はスターリンだった』落合道夫（ハート出版）
『まだＧＨＱの洗脳に縛られている日本人』ケント・ギルバート（ＰＨＰ文庫）
『父の謝罪碑を撤去します』大高未貴（産経新聞出版）
『田母神論文、どこが悪い！』月刊Ｗｉｌｌ 二〇〇九年一月号（ワック）
『日本国憲法草案』（日本のこころ）
『アジアを救った近代日本史講義』渡辺利夫（ＰＨＰ新書）
『国防女子が行く』葛城奈海ほか（ビジネス社）
『呆れた哀れな隣人・韓国』呉善花、加瀬英明（ワック）
『いまこそ情報戦争を勝ち抜け！』田母神俊雄（宝島文庫）
『大東亞戦争は昭和50年4月30日に終結した』佐藤守（青林堂）
『異形の大国 中国』櫻井よしこ（新潮文庫）

『なぜ大東亜戦争は起きたのか？　空の神兵と呼ばれた男たち』高山正之、奥本實（ハート出版）
『大東亜戦争　失われた真実』奥本康大、葛城奈海（ハート出版）
『国のために死ねるか』伊藤祐靖（文春新書）
『邦人奪還　自衛隊特殊部隊が動くとき』伊藤祐靖（新潮社）
『青空の下で読むニーチェ』宮崎正弘（勉誠出版）
『西郷隆盛　日本人はなぜこの英雄が好きなのか』宮崎正弘（海竜社）
『葉隠入門　武士道は生きている』三島由紀夫（光文社）
『オイルマンの湾岸戦争』出光興産総務部広報課 編（出光興産総務部広報課）
『湾岸戦争　砂漠の嵐作戦』Ｆ・Ｎ・シューベルト（東洋書林）
『日本の防衛　防衛白書　平成30年度版』（防衛省）
『英霊の声』三島由紀夫（河出書房）
『戦う者たちへ　日本の大義と武士道』荒谷卓（並木書房）
『正論ＳＰ　天皇との絆が実感できる１００の視座』葛城奈海ほか（産経新聞社）
『戦争犯罪国はアメリカだった』ヘンリー・Ｓ・ストークス（ハート出版）
『日本が戦ってくれて感謝しています』井上和彦（産経新聞出版）
『パール博士の日本無罪論』田中正明（慧文社）
『自衛隊幻想』荒木和博ほか予備役ブルーリボンの会（産経新聞出版）

『自らの身は顧みず』田母神俊雄（ワック）
『めぐみ、お母さんがきっと助けてあげる』横田早紀江（草思社）
『日本が拉致問題を解決できない本当の理由』荒木和博（草思社）
『北朝鮮の漂着船』荒木和博（草思社）
『機関紙いかづち』一号〜一九号（予備役ブルーリボンの会）
『安全保障概論』栗栖弘臣（ブックビジネスアソシエイツ社）
『大東亜戦争への道』中村粲（展転社）
『國の防人』（展転社）
『日本の朝鮮統治を検証する』ジョージ・アキタ、ブランドン・パーマー（草思社）
『勇者は語らず』木本あきら（幻冬舎）
『反日メディアの正体』上島嘉郎（経営科学出版）
『プーチン幻想』グレンコ・アンドリー（ＰＨＰ新書）
『歩兵の本領』浅田次郎（講談社）
『終わらざる夏』浅田次郎（集英社文庫）
『自滅に向かうアジアの星日本』中村功（高木書房）
『民間防衛』スイス政府編（原書房）
『憂国忌の五十年』三島由紀夫研究会（啓文社書房）

『三島由紀夫と最後に会った青年将校』西村繁樹（並木書房）
『予備自衛官のさけび』山本光光（下田出版）
『三島由紀夫と自衛隊』杉原裕介・剛介（並木書房）
『三島由紀夫と楯の会事件』保阪正康（角川文庫）
『核の脅威と無防備国家日本』矢野義昭（光人社）
『国防態勢の厳しい現実』高井三郎（勉誠出版）
『第四次中東戦争』高井三郎（原書房）
『日本に自衛隊がいてよかった』桜林美佐（産経NF文庫）
『国連の正体』藤井厳喜（ダイレクト出版）
『大東亜戦争　日本は「勝利の方程式」を持っていた！』茂木弘道（ハート出版）
『道の友』八二三号、八三〇号ほか　三澤浩一論文集（大東会館）
『東日本大震災　自衛隊かく闘えり』井上和彦（双葉社）

◇著者◇
木本あきら（きもと・あきら）

昭和17年、中国北京に生まれ、北海道斜里郡清里町で育つ。

６年間の陸上自衛隊勤務を経て、アメリカミシガン州マキノウカレッジでＭＲＡ（道徳再武装）研修。東洋大学、拓殖大学で学ぶ。その後、プラントエンジニアとして約25年間、トリニダード・トバゴ、リビア、カタール、エジプト、アルジェリア、インドネシアなどに駐在。その間も30年にわたり、予備自衛官として、日本で行われる年１回の訓練に一時帰国して参加してきた。

元・拓殖大学客員教授（国際関係論）。元・予備自衛官陸曹長。「予備役ブルーリボンの会」監査。「隊友会」終身会員。短歌結社「まひる野」会員。

著書に『勇者は語らず』（幻冬舎）、『歌集 アラビアの詩』（角川書店）などがある。

国を守る覚悟

令和３年４月29日　　第１刷発行

著　者　木本あきら
装　幀　フロッグキングスタジオ
発行者　日高裕明
発　行　株式会社ハート出版

〒171-0014 東京都豊島区池袋 3-9-23
TEL03-3590-6077　FAX03-3590-6078
ハート出版ホームページ　http://www.810.co.jp

ISBN978-4-8024-0116-6　　印刷・製本 中央精版印刷株式会社

静かなる日本侵略

中国・韓国・北朝鮮の日本支配は ここまで進んでいる

佐々木 類 著
ISBN 978-4-8024-0066-4　本体 1600 円

犠牲者120万人　祖国を中国に奪われたチベット人が語る

侵略に気づいていない日本人

ペマ・ギャルポ 著
ISBN 978-4-8024-0046-6　本体 1600 円

元 韓国陸軍大佐の

反日への最後通告

池 萬元 著　崔 鶴山・山田智子・B.J 訳
ISBN 978-4-8024-0074-9　本体 1500 円

〔普及版〕戦争犯罪国はアメリカだった!

英国人ジャーナリストが明かす東京裁判の虚妄

ヘンリー・S・ストークス 著　藤田裕行 訳
ISBN 978-4-8024-0108-1　本体 1200 円（新書判）

〔復刻版〕一等兵戦死

GHQ 焚書・支那事変を戦う勇敢な日本兵たちの姿

松村益二 著
ISBN 978-4-8024-0064-0　本体 1500 円

大東亜戦争 失われた真実

戦後自虐史観によって隠蔽された「英霊」の功績を顕彰せよ!

葛城奈海・奥本康大 共著
ISBN 978-4-8024-0070-1　本体 1600 円

大東亜戦争 日本は「勝利の方程式」を持っていた!

実際的シミュレーションで証明する日本の必勝戦略

茂木弘道 著
ISBN 978-4-8024-0071-8　本体 1500 円